设 计 师 的

景观设计
色彩搭配手册

王亦慧　王乐 ————— 编著

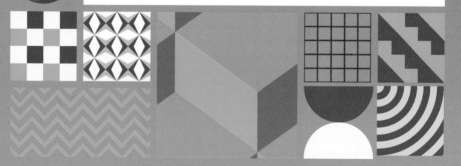

清华大学出版社
北京

内 容 简 介

本书是一本全面介绍景观设计知识的图书，其突出特点是通俗易懂、案例精美、知识全面、体系完整。

本书从学习景观设计的基础理论知识入手，由浅入深地为读者呈现出一个个精彩实用的知识、技巧、色彩搭配方案和CMYK数值。本书共分为7章，内容分别为认识景观设计、认识色彩、景观设计基础色、景观设计风格与色彩、景观设计的类型、景观植物类型、景观设计经典技巧。并在多个章节中安排了常用主题色、常用色彩搭配、配色速查、色彩点评、推荐色彩搭配等经典模块，既丰富了本书的内容，又增强了实用性。

本书内容丰富、案例精彩、设计新颖，适合景观设计、环境艺术设计等专业的初级读者学习使用，也可作为大中专院校景观设计专业、环境艺术设计培训机构的教材，也适合喜爱景观设计的读者朋友作为参考用书阅读。

本书封面贴有清华大学出版社防伪标签，无标签者不得销售。

版权所有，侵权必究。举报：010-62782989，beiqinquan@tup.tsinghua.edu.cn。

图书在版编目(CIP)数据

设计师的景观设计色彩搭配手册 / 王亦慧，王乐编著. —北京：清华大学出版社，2021.4
ISBN 978-7-302-57566-5

Ⅰ.①设… Ⅱ.①王… ②王… Ⅲ.①景观设计－色彩学－手册 Ⅳ.①TU983-62

中国版本图书馆CIP数据核字(2021)第028962号

责任编辑：韩宜波
封面设计：杨玉兰
责任校对：周剑云
责任印制：沈　露

出版发行：清华大学出版社
　　　　　网　　　址：http://www.tup.com.cn，http://www.wqbook.com
　　　　　地　　　址：北京清华大学学研大厦 A 座　　　　邮　　编：100084
　　　　　社 总 机：010-62770175　　　　　　　　　　　邮　　购：010-62786544
　　　　　投稿与读者服务：010-62776969，c-service@tup.tsinghua.edu.cn
　　　　　质 量 反 馈：010-62772015，zhiliang@tup.tsinghua.edu.cn
印 装 者：小森印刷霸州有限公司
经　　销：全国新华书店
开　　本：185mm×210mm　　　印　　张：9.4　　　字　　数：298 千字
版　　次：2021 年 5 月第 1 版　　　印　　次：2021 年 5 月第 1 次印刷
定　　价：69.80 元

产品编号：088369-01

这是一本普及从基础理论到高级进阶实战景观设计知识的图书，以配色为出发点，讲述景观设计中配色的应用。书中包含了景观设计的基础知识及经典技巧。本书不仅有基础理论、精彩案例赏析，还有大量的色彩搭配方案和精确的CMYK色彩数值，让读者既可以用来赏析，又可作为工作案头的素材书籍。

本书共分7章，安排如下。

第1章为认识景观设计，介绍景观设计的定义与内容、目的、原则、构成元素、点线面、布局、视觉引导流程、环境心理学。

第2章为认识色彩，包括色相、明度、纯度、景观设计中色彩应用的表现形式、色彩的分类、色彩的原则。

第3章为景观设计基础色，包括红色、橙色、黄色、绿色、青色、蓝色、紫色、黑白灰。

第4章为景观设计风格与色彩，包括东南亚风格、美式风格、地中海风格、法式风格、中式风格、日式风格、现代风格。

第5章为景观设计的类型，包括大型规划景观设计、居住景观设计、市政景观设计、商业景观设计、公园景观设计。

第6章为景观植物类型，包括常绿阔叶树木、落叶阔叶树木、针叶树、竹类、藤本爬藤植物、花卉、草坪。

第7章为景观设计经典技巧，包括20个设计技巧。

本书特色如下。

■ 轻鉴赏，重实践

一般的鉴赏类图书只能看，看完自己还是设计不好，本书则安排了多个动手的模块，让读者可以边看边学边练。

■ 章节合理，易吸收

第1~3章主要讲解认识景观设计、认识色彩、认识基础色；第4~6章介绍景观设计风格与色彩、景观设计类型、景观植物类型；第7章则以轻松的方式介绍了20个设计技巧。

■ 设计师编写，写给设计师看

针对性强，契合读者的需求。

■ 模块丰富

常用主题色、常用色彩搭配、配色速查、色彩点评、推荐色彩搭配在本书中都能找到，一次满足读者的求知欲。

在本系列图书中读者不仅能系统学习景观设计知识，而且还有更多的设计专业知识供读者选择。

希望通过对知识的归纳总结、趣味的模块讲解，打开读者的思路，避免一味地照搬书本内容，促使读者自行多尝试、多理解，提高动脑、动手的能力。希望通过本书，激发读者的学习兴趣，开启设计的大门，帮助您迈出第一步，圆您一个设计师的梦！

本书由兰州文理学院的王亦慧和王乐老师编著，其中王亦慧负责编写第2~5章，王乐负责编写第1、6、7章。其他参与编写的人员还有董辅川、王萍、李芳、孙晓军、杨宗香。

由于编者水平有限，书中难免存在错误和不妥之处，敬请广大读者批评和指正。

编　者

CONTENTS
目　录

第3章
景观设计基础色

第4章
景观设计风格与色彩

第5章

景观设计的类型

第6章

景观植物类型

第7章
景观设计经典技巧

第1章

认识景观设计

　　随着现代社会的不断进步，人们对居住的环境质量越来越重视，也越来越关注景观设计。景观设计是自然景观与人工景观的结合体，运用建筑学、城市规划学、地理学、生态学、环境科学、林学、心理学等学科的专业知识，打造开放性、综合性、整体性、完整性的景观效果。

景观设计是为了美化区域环境、社会环境或达到某些美学目的而对户外区域、地标和建筑进行的设计实践。它涉及对原有环境中社会、生态和土壤等系统的调查，并设计出良性预期景观。通俗地说，景观设计是在某个区域内创造一个具有一定设计文化内涵以及审美价值的景物和空间，从而为人创造一个安全、健康和环境舒适的生活空间。作为一门专业，景观设计涵盖了多个学科，融合了植物学、园艺、美术、建筑、工业设计、土壤科学、环境心理学、地理、生态和土木工程等学科。

景观设计包括自然景观要素和人文景观要素。自然景观可分为地理地貌类景观、生态类景观、气象类景观、气候类景观；人文景观是指人类所创造的景观，包括古代人文景观和现代人文景观。

景观设计主要服务于居住区景观设计、城市公园规划与设计、城市广场和步行街设计、濒水绿地规划设计、校园规划设计、社会机构和企业园的规划与设计、旅游度假区与风景区规划设计、墓园规划设计等。

随着社会的快速发展，景观设计扮演的角色越来越重要，已逐渐成为人类美化生活环境的主要方式。优秀的景观设计可以使杂乱无章的生活变得有条理，让人感觉舒适、放松，精神上得到满足。

1.美化环境

美化环境是景观设计最重要的目的。优美的环境能够改善人类的生活质量，促进人和自然的和谐相处，从而创造出可持续化发展的环境文化。

2.拥抱自然

忙碌的现代都市人远离乡村和田园，但是大多有一颗向往田园、自然的心。通过景观设计，能够建立一道与自然互动的桥梁，让人们更容易亲近自然、拥抱自然。

3.精神享受

景观设计可以让杂乱无章的环境变得非常优美、简洁。这样的环境可以调节人的情感与行为，让人得到视觉和精神的双重享受。

随着经济文化的不断发展、人们对环境保护和生态建设意识的觉醒，促使景观设计行业迅猛发展。在景观设计中必须遵循以下几个原则。

（1）环保化

景观设计的趋势是向着生态化。在景观设计中可以选用节能环保的材料，不仅可起到环保的作用，还能够增强人们尊重自然、爱护环境的意识。

（2）地域性

不同地域的气候、风俗、民族不同，人们的审美观也不同，只有在尊重地域属性的基础上解决景观设计的基本功能，才能获得情感上的归属感和认同感。

（3）人性化

景观设计应该做到以人为本，不仅要满足人的生理和心理需要，更要满足人的物质和精神需要，让人获得和谐、舒适与满足的感觉。

（4）生态化

景观设计离不开植物，不同的生态环境所适合的植物是不同的。在景观设计过程中，应当充分利用阳光、空气、土壤、气候等自然因素，形成和谐、有序、稳定的生态环境。

（5）涉及多种元素

景观设计是一门集合资源、气候、地貌、水源、土壤等自然条件和人文生态、地域特色等综合因素的科学，因此应综合考虑多种元素的融合。

（6）提倡高科技

飞速发展的高科技已经进入各个领域。在景观设计中，高科技的应用能够最大限度地节省资源，打造出便捷、人性化的景观效果。

1.4 构成景观的要素

任何一种艺术和设计学科都有其特殊的、固有的表现方法，景观设计也不例外。它用固有的手法将设计师的思想、情感、意图变成实际形象，创造出优美的环境供人观赏、游览。景观设计由五大要素构成，包括地形、植物、建筑、广场与道路、景观小品、水景。

1.地形

地形是构成景观的基础，主要包括平地、土丘、丘陵、山峦、山峰、凹地、谷地等类型。地形要素的利用与改造，将影响到园林的形式、建筑的布局、植物配置、景观效果、给排水工程、小气候等诸多因素。

起伏的地形营造出优美的自然景观

2.植物

植物在景观设计中的美化作用是其他要素无可替代的。植物要素包括乔木、灌木、攀援植物、花卉、草坪地被、水生植物等。植物的自然生长规律形成了"春花、夏叶、秋实、冬枝"的四季景象，而且其色彩、芳香、习性等都是景观设计的题材。植物与自然的联系最为密切，自然环境好的条件下会吸引动物聚集，形成动物、植物共生共荣的生物生态景观。

不同季节、不同地域的植物的差异

3.建筑

该类景观设计往往围绕着建筑而设计，需要考虑建筑的体量、造型、色彩等要素，让景观与建筑结合，形成相辅相成的关系。

景观与建筑相结合

4.广场与道路

广场与道路、建筑的有机组合，对于景观形成起着决定性的作用。广场与道路的形式可以是标准形态（如方形）或是依自然条件而成的。广场和道路系统将构成景观的脉络，并起到景观中交通组织、联系的作用。

临水而建的道路

5.景观小品

景观小品是构成景观设计不可缺少的组成部分，可使景观更富有表现力。景观小品一般包括雕塑、山石、壁画等。

儿童活动区

6.水景

水本身没有形状，其形状是由容器形状所决定的，所以水景的造型比较灵活。根据水的状态可分为静态和动态两种。静态水安静、清幽，动态水活跃、灵动，不同的状态所营造的氛围也是不同的。不仅如此，动态水还能够发出声音，影响人的情绪。水景有多种形式，包括湖池、溪涧、瀑布、喷泉等。

景观设计的完善离不开最基本的点、线、面等美学原理的运用。通过点、线、面合理地构景可以保证景观设计中的视觉效果层次、平面造型以及空间秩序组织。

1.5.1　点

在景观设计中，点的用途非常广泛，小到一棵单体植物，大到一个广场或建筑都可以作为点元素。在景观设计过程中，可根据实际需要改变点的大小、组合以及分布规律而营造出不同的视觉效果。点元素是灵活多变的。在景观设计中，由于大小、形态、位置的不同而给人不同的心理感受。例如旱溪由大小不一的石材铺成，构成旱溪的石块就是点元素，小石块在旱溪中灵动，大石块表现了体量感，为旱溪增添了稳重的气息。

1.5.2 线

在景观设计中按照线的不同表现形式可以分为直线和曲线。直线在景观设计中给人硬朗、平稳的感觉，有水平、垂直、斜线、折线等表现形式。曲线在景观设计中给人优美、动感、变化的感觉，有弧线、波线、S线、自由曲线等表现形式。在景观设计中线既起到导向作用，也起到分隔的作用。利用点与线的结合，可以形成灵活的功能空间。

曲线的应用

直线的应用

折线的应用

1.5.3　面

点、线、面关系密切，点若扩大即成线、线若加宽增大即成面。在景观设计中，面的呈现形式可以被大体分成规则形态和不规则形态两种。规则形态指可以用常规形态表示的形状，即圆形、方形或三角形等，不规则形态则由标准形状演变而来，设计师可根据地形、植被设置成不规则的面。

规则的面

不规则的面

1.6　景观设计布局

　　布局是景观设计总体规划的重要步骤之一，根据空间属性、主题、内容等因素，结合选址的具体情况，可将空间以不同的布局方式进行呈现。

　　不同的布局方式所营造出的视觉效果各不相同。从某种特定角度，我们可以将景观的布局方式分为直线型、曲线型、独立型和图案型四种。

1.6.1　景观设计直线型布局

　　在景观设计中，我们可以将直线型布局分为有序性直线型布局和无序性直线型布局两种。前者由于其有序的属性会使整个空间看上去更加规整，而后者则更加轻松、自由，营造出一种轻松、愉快的空间氛围。

直线型景观设计布局赏析

1.6.2　景观设计曲线型布局

　　将曲线型布局应用于景观设计当中，要看曲线曲率的大小。曲率越大，曲线弯曲的程度就越大，线条所营造出的视觉效果就越活跃、生动，更富有变化感。反之，曲率越小，曲线弯曲的程度就越小，空间氛围就越柔和、平稳。

曲线型景观设计空间布局赏析

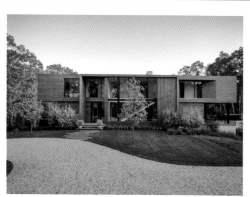

1.6.3　景观设计独立型布局

　　景观设计采用独立型的布局方式会使空间的整体效果更加丰富饱满，并强化空间的独立性与私密性。

独立型景观设计空间布局赏析

1.6.4 景观设计图形型布局

景观设计采用图形型布局，会突出空间营造出的氛围。根据不同空间的定位和属性来选择所要创造出的布局的图形形状，通过图案的不同风格营造出不一样的、充满个性化的景观效果。

景观设计图形型布局赏析

景观设计是一种以人为主体，以建筑为载体的空间设计。在设计的过程中，以水和道路为主体脉络、绿化和小品为装饰元素。由此可见，空间中的任何一个部分都各司其职，因此在设计景观时，要根据每个空间区域的定位对受众进行正确的视觉引导。通过合理的引导方式，指引受众的视觉和行进路线。

通常情况下，景观设计的视觉引导可分为装饰元素引导、符号引导、颜色引导和灯光引导等。

1.7.1　通过空间中的装饰元素进行引导

　　在景观设计中，除了采用大量的植物元素对空间进行装饰以外，还可以设计一些景观小品等装饰物对空间进行点缀。这些元素在提升空间艺术氛围的同时还能够对受众进行视觉和行进路线的正确引导。

　　这是一款光影走廊区域的景观设计。作品利用弯曲的金属条纹装置构建出一个遮阳结构将露台覆盖，通过光与影的结合营造出独特的装饰效果。风格独特的结构使其自身在空间中尤为突出，在装饰空间的同时，也对受众进行了明确的视觉和行进路线的引导。

■ RGB=89,55,47　　　　CMYK=62,77,78,39
■ RGB=224,168,146　　CMYK=15,42,40,0
■ RGB=100,88,20　　　CMYK=64,61,100,23
□ RGB=240,230,218　　CMYK=8,11,15,0

　　这是一款室外凉亭处的景观设计。作品将螺旋形式的弯曲长椅作为空间的装饰元素，通过高矮和不同弯曲程度的对比增强了空间的设计感与延伸感。不同方位的连续性装饰元素使空间的整体效果看上去更加和谐统一。

■ RGB=39,74,61　　　　CMYK=85,62,77,32
■ RGB=172,100,77　　　CMYK=42,17,81,0
■ RGB=918,158,98　　　CMYK=19,45,64,0
■ RGB=24,40,52　　　　CMYK=91,82,67,48

1.7.2　通过符号进行引导

　　符号是一种简约且具有较强识别性的引导元素，在景观设计中具有明确的指向性和解释说明作用。

　　这是一款度假酒店客房之间的走廊处景观设计。作品界面左右两侧的砖墙风格一致，不加修饰，纹理丰富且贴近自然，在显眼的位置刻制箭头符号以及文字进行解释说明，使受众在第一时间能够接收到准确的信息，明了空间属性，明确行进方向。

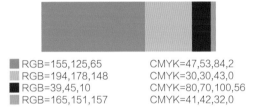

■ RGB=155,125,65　　　CMYK=47,53,84,2
▨ RGB=194,178,148　　CMYK=30,30,43,0
■ RGB=39,45,10　　　　CMYK=80,70,100,56
▨ RGB=165,151,157　　CMYK=41,42,32,0

1.7.3　通过颜色进行引导

　　色彩是景观设计中表现力最强的装饰元素之一，有着先声夺人的视觉效果。在景观设计中，将色彩作为视觉引导元素，可以通过色彩之间的差异与对比将区域进行合理划分，使人一目了然。

　　这是一款濒水岸边的景观设计。该作品将景观与娱乐融合到一起。在低矮的绿色草坪中设有深红色的区域放置健身器材，地面上通过明确的颜色对比将区域进行划分，使人一目了然。

■ RGB=27,41,8　　　　CMYK=84,70,100,60
■ RGB=110,32,20　　　CMYK=53,94,100,36
■ RGB=106,71,36　　　CMYK=58,71,92,29
▨ RGB=229,217,198　　CMYK=13,16,23,0

这是一款公寓庭院内的景观设计。纵观景观的整体效果，可将空间分为绿植区域、实木色的休息区域和灰色的行进路线，作品利用大量自然界的色彩将空间区域进行了明确的划分。

■ RGB=132,137,90　　　CMYK=57,43,72,1
▨ RGB=235,232,230　　CMYK=10,9,9,0
■ RGB=192,151,129　　CMYK=31,45,47,0
■ RGB=141,104,99　　　CMYK=53,64,58,3

1.7.4　通过灯光进行引导

灯光是景观设计中重要的装饰元素，具有较高的观赏性和艺术性，有利于氛围的渲染、造型的塑造、视觉的引导和层次的突出等。

这是一款度假酒店夜景的景观设计。界面中的每一条通往建筑内侧的道路都被浓密的植物所包围，因此为了能够正确地引导受众的视线与行进路线，在每一条道路两侧均设有暖黄色的灯光为空间照明的同时还能够对受众进行引导，一举两得。

■ RGB=20,32,227　　　CMYK=87,75,89,65
■ RGB=65,35,22　　　　CMYK=66,82,91,56
■ RGB=106,99,90　　　CMYK=65,60,63,10
▨ RGB=199,181,101　　CMYK=29,29,67,0

　　景观设计是一门极为复杂的学科，在设计的过程中有诸多因素需要加以考虑，如环境的公共性、局部空间的私密性、整体空间的安全性与实用性和景观效果的舒适性等。人类是这些条件的主要受众群体，环境心理学就是研究环境与人心理活动之间关系的学科，因此在景观设计的过程中，环境心理学有着举足轻重的作用。

1.8.1　受众在环境中的视觉界限

若想营造出合理且美观的景观效果，首先要了解人眼的视觉范围。在景观设计中，充分明确人眼对周遭环境的感受能力，更有助于元素合理地陈列，以突出主体元素，合理运用辅助元素，使空间的整体效果更加得体、美观。

1.8.2　注重景观设计的系统性

随着景观设计的普及和广泛应用，景观设计的层次也得到进一步的提升。在设计之前，需要对整体项目进行全面的调查与了解，充分把握景观的整体性。除了主体景观外，还要对空间内若干子系统的风格与设计元素进行合理的统一规划，营造出风格明确、统一且具有观赏价值的艺术景观。

1.8.3　图形形状给受众留下的视觉印象

　　图形形状是景观设计中重要的元素之一，样式简单、种类丰富，根据不同图形形状的展现或组合搭配，能够呈现出丰富多变、极具感情色彩的空间效果。

■　矩形、三角形、直线等：使空间看上去更加有序、平稳、流畅。

■　圆形、曲线、波浪线等：使空间看上去更加欢快、生动且富有动感。

■　不规则图形：使空间更具变化效果，增强空间的设计感。

1.8.4　空间环境对受众心理的影响

　　视觉、听觉、嗅觉、触觉等因素均能影响到受众的情绪。在景观设计中，不同元素的结合会营造出不一样的视觉效果，直接影响到受众的心理感受。

第2章

认识色彩

我们生活在一个五彩斑斓的世界中，不同的色彩带给观众的心理感受也是不同的，由此可见，色彩在景观设计中的重要意义。合理的色彩搭配可以提升作品本身的魅力，还可以在很大程度上满足观众的精神和文化需求。

色相是色彩的相貌，是色彩的首要特征，是区别各种色彩的基本准则。

- 除了黑、白、灰，其他都具有色相的属性。
- 基本色相：红、橙、黄、绿、蓝、紫。
- 加入中间色成为**24**个色相。

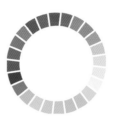

在这个作品中，蓝色的灯带能够成为视觉焦点。每当夜幕降临时，灯带不仅可以用来照明，还可以用来装饰作品。蓝色的灯光可以使整体氛围变得更加神秘、浪漫。

CMYK: 6,35,23,0
CMYK: 86,68,0,0

在花园的小角落，高纯度的红色家具，搭配花园中丰富的绿植，整体给人活泼、欢快的感觉。

CMYK: 0,80,80,0
CMYK: 46,25,90,0

明度是指色彩的明亮程度，明度不仅表现在物体明暗程度上，还表现在反射程度的系数上。

- 在无彩色中，明度最高的色彩是白色，明度最低的色彩是黑色。
- 有彩色的明度，越接近白色者明度越高，越接近黑色者明度越低。

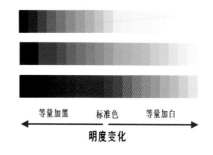

等量加黑　标准色　等量加白

明度变化

该休息区台面部分明度较高，在整个环境中最为吸引眼球，给人一种轻盈、清爽的感觉。

CMYK：70,20,85,0
CMYK：23,27,35,0

深灰色的廊架明度较低，给人一种沉稳、老练的感觉，廊架造型简约，间隔较大，增加了通透性，不至于使人产生压抑、沉闷感。

CMYK：45,30,80,0
CMYK：77,70,68,35

纯度是指色彩的鲜艳程度，表示颜色中所含有色成分的比例。比例越大则色彩越纯，比例越低则色彩的纯度就越低。

- 通常高纯度的颜色会使人产生强烈、鲜明、生动的感觉。
- 中纯度的颜色会使人产生适当、温和、平静的感觉。
- 低纯度的颜色就会使人产生一种细腻、雅致、朦胧的感觉。

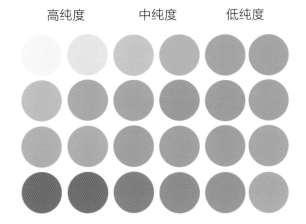

高纯度　　　　中纯度　　　　低纯度

在这个场景中，彩色的塑胶场地颜色饱和度极高，在整个环境中非常抢眼。这种颜色也深受小朋友的喜爱，常常应用于儿童活动区。

CMYK: 0,95,50,0　　CMYK: 5,20,75,0
CMYK: 73,25,5,0　　CMYK: 65,0,50,0
CMYK: 0,0,0,0

这个观景台地面的铺装和家具整体色彩纯度较低，颜色的存在感较弱，让周围的自然景观成为视觉重点。

CMYK: 38,37,48,0
CMYK: 47,6,23,0

2.2 景观设计中色彩的 表现形式

2.2.1 色彩的冷暖

让人产生温暖感的颜色被称之为暖色调，主要包括红、黄、橙三种颜色及其邻近色。让人感觉寒冷的颜色被称之为冷色调，主要包括青、蓝及其邻近色。

暖色调通常给人一种温暖、欢乐、热烈的感觉，可以应用在广场、公园入口以彰显节日气氛，或者应用在儿童活动区，给人活泼、亲切的感觉。

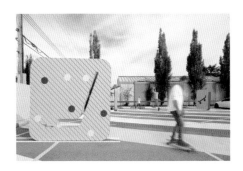

CMYK: 3,27,90,0　　　CMYK: 9,35,17,0
CMYK: 22,7,28,0　　　CMYK: 30,80,73,0

冷色调通常给人一种宁静、庄严、严肃的感觉，在一些较小的空间中，适当地添加冷色调，可以增加空间的深邃感。作品中泳池部分为青色调，体现了清凉、干净的特征。

CMYK: 47,0,27,0　　　CMYK: 40,58,75,0
CMYK: 45,30,85,0

冷色调和暖色调进行搭配，会形成冷暖对比关系，这种色彩搭配营造出的视觉效果活泼、欢快。青色调的泳池和红色调的沙发形成冷暖对比，让整个环境变得轻松、欢乐。

CMYK：70,12,17,0　　　　　　　　　CMYK：20,20,23,0
CMYK：30,88,72,0

2.2.2　色彩的距离

色彩的距离指可使人感觉到物体的进退、凹凸和远近的视觉效果。色相是影响距离感的主要因素，其次是纯度和明度。一般暖色和高明度的色彩具有前进、凸出、接近的效果，而冷色和低明度的色彩则效果相反。

白色的廊架颜色明度较高，在整个环境中给人一种干净、纯洁的感觉，与地面灰白色的铺装相呼应。高明度的色彩在环境中有前进感，可以吸引人的注意力。

CMYK：9,13,17,0
CMYK：45,35,77,0

在观察这个作品时，第一眼就被桌子所吸引，因为橙色调的桌子颜色纯度较高，而且属于暖色调，有很强的前进感、突出感。其他黑色家具、花盆和建筑则有一种后退感。两种颜色搭配在一起，给人一种层次分明、张弛有度的感觉。

CMYK：9,6,10,0　　　　　　　　　CMYK：83,75,70,50
CMYK：0,45,63,0　　　　　　　　　CMYK：66,45,92,3

2.2.3 主色、辅助色、点缀色

　　主色是指整个环境中的主要色彩，是整个环境的基本色调，决定了景观的整体风格。辅助色是用来点缀、衬托主色调的色彩，通常会选用与主色相似的颜色。点缀色是整个景观设计作品中的点睛之笔，通常会选择颜色饱和度较高的色彩，用来吸引人的注意力。

　　该作品整体采用灰白色调，搭配米色的地面铺装，整个环境色给人一种轻盈、纯洁的感觉。绿色作为景观中的点缀色，让原本略显空旷的环境多了几分生机。

CMYK：3,2,1,0
CMYK：72,52,100,15

CMYK：18,220,30,0

　　在这个休息区中，蓝色的抱枕是整个环境中的点缀色，让原本平静的色彩多了鲜活和生动。

CMYK：9,11,15,0
CMYK：95,80,33,0

CMYK：50,33,100,0

　　这个屋顶花园以热带多肉植物为主题。这样的植物生活环境比较干燥，为了避免给人留下枯槁、干涸的印象，又以鲜艳的红色作为点缀色，并通过线条呈现，为整个空间带来了动感和韵律感。

CMYK：65,41,100,1
CMYK：20,95,95,0

CMYK：48,77,100,15

谈起景观设计中的颜色最先想到是绿植和花朵。这些确实是景观设计中色彩的重要来源，但是在景观设计中还可以运用其他颜色。这些颜色大致可以分为三类：自然色、半自然色和人工色。

1.自然色

这类颜色来自自然，例如石材、植物、土地、树干、水，甚至天空。自然色又被分为植物色彩和非植物色彩两种。

植物色彩：生物色彩是景观中植物的色彩，其特点在于植物会随着季节和生命周期发生变化，不同的时间段给人的感受是不同的。

非植物色彩：在景观设计中，海洋、河流、山石、天空、云海都可以是非植物色彩的来源，成为景观色彩的一部分。

2.半自然色

　　半自然色是指经过人工加工但是保留了材质本身的性质，其颜色没有改变的色彩，例如在景观设计中的各种木材、石材等所呈现的颜色。

3.人工色

人工色就是人为地为景观添加的色彩，例如建筑的颜色、瓷砖的颜色、地面铺装的颜色等。

2.4 景观设计中色彩的原则

在景观设计中，色彩的运用非常广泛。为了避免在景观设计过程中色彩形式过于单一或杂乱无章，可以遵循以下几项原则。

1.统一性原则

景观设计中的色彩在形式上必须保持统一，形成和谐、融洽的关系。但是过分强调统一，会给人呆板、单调的感觉，可以在统一配色中追求变化，给人一种丰富的视觉感受。

2.以人为本原则

不同的色彩所营造的氛围、传递的信息是不同的。景观设计中的色彩搭配，应该以人为服务主体，在进行色彩选择时要以满足大众对精神文化的需求和审美情趣为基础。

3.充分利用季节变换

植物是景观设计中重要的元素，植物的颜色会随着季节的不断变化而产生变化，所以在景观设计中应充分利用季节的变化，营造出更加丰富多样的观赏效果。

4.对比原则

景观设计中应该在考虑整体色彩的前提下追求变化，通过变化与对比形成主次关系。例如人们常提到的红花配绿叶，当绿色面积过大时，可以采用少量的红色作为点缀色，让空间环境变得更加活泼、生动。

第3章

景观设计基础色

　　不同的颜色给人的感觉是不同的，有的颜色会让人兴奋、有的颜色会让人忧伤、有的颜色则会让人感到充满活力。在景观设计中，除了来自植物的绿色之外还有很多种颜色。本章就来认识景观设计中常见的几种基础颜色。

3.1 红色

3.1.1 认识红色

红色： 是一种鲜艳的颜色，通常象征着积极、主动、开放、热情。在景观设计中，红色非常鲜艳、夺目，通常会作为点缀色。常见的有红色的廊道、座椅、雕塑、花朵、墙面、地面铺装等。

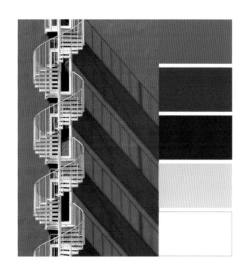

洋红色
RGB=207,0,112
CMYK=24,98,29,0

鲜红色
RGB=216,0,15
CMYK=19,100,100,0

鲑红色
RGB=242,155,135
CMYK=5,51,41,0

威尼斯红色
RGB=200,8,21
CMYK=28,100,100,0

胭脂红色
RGB=215,0,64
CMYK=19,100,69,0

山茶红色
RGB=220,91,111
CMYK=17,77,43,0

壳黄红色
RGB=248,198,181
CMYK=3,31,26,0

宝石红色
RGB=200,8,82
CMYK=28,100,54,0

玫瑰红色
RGB= 30,28,100
CMYK=11,94,40,0

浅玫瑰红色
RGB=238,134,154
CMYK=8,60,24,0

浅粉红色
RGB=252,229,223
CMYK=1,15,11,0

灰玫红色
RGB=194,115,127
CMYK=30,65,39,0

朱红色
RGB=233,71,41
CMYK=9,85,86,0

火鹤红色
RGB=245,178,178
CMYK=4,41,22,0

勃艮第酒红色
RGB=102,25,45
CMYK=56,98,75,37

优品紫红色
RGB=225,152,192
CMYK=14,51,5,0

3.1.2 红色搭配

色彩调性： 甜美、激情、热血、火焰、兴奋、敌对、警示。

常用主题色：

CMYK: 9,85,86,0	CMYK: 11,94,40,0	CMYK: 24,98,29,0	CMYK: 30,65,39,0	CMYK: 4,41,22,0	CMYK: 56,98,75,37

常用色彩搭配

CMYK: 56,98,75,37 CMYK: 8,60,24,0	CMYK: 3,96,51,0 CMYK: 4,41,22,0	CMYK: 0,95,95,0 CMYK: 76,93,89,73	CMYK: 19,100,100,0 CMYK: 9,85,86,0
勃艮第酒红搭配浅玫瑰红，两种颜色纯度较低，对比相对较弱，给人一种和谐、舒适的感觉。	胭脂红搭配火鹤红，颜色纯度形成对比，让胭脂红显得更娇俏可人。	鲜红色搭配黑色，非常耀眼，给人一种醒目刺激的感觉。	鲜红搭配朱红，颜色相近，给人一种丰满、温暖的感觉。

配色速查

秋实	警告	浪漫	妖媚

CMYK: 17,98,100,0 CMYK: 13,40,75,0	CMYK: 60,100,100,58 CMYK: 0,95,95,0	CMYK: 0,0,0,0 CMYK: 19,80,50,0	CMYK: 50,100,90,23 CMYK: 36,100,65,0

该建筑外侧线性梯形框架，具有装饰和遮阳的作用，随着白天阳光的不断变化，光影也会随之变化。

色彩点评

- 朱红色的外观颜色给人一种温暖但不刺激的感觉。
- 红色搭配灰色可以缓解红色的张扬感。
- 朱红色在绿色的衬托下显得活泼和跳跃。

CMYK: 18,89,90,0
CMYK: 70,55,83,17
CMYK: 12,10,10,0

推荐色彩搭配

C: 15	C: 33
M: 72	M: 37
Y: 65	Y: 52
K: 0	K: 0

C: 55	C: 65
M: 95	M: 63
Y: 100	Y: 47
K: 10	K: 2

C: 20	C: 15
M: 88	M: 11
Y: 80	Y: 11
K: 0	K: 0

在这个场景中，漫天的丝带是整个场景的视觉重点，丝带随风摇曳，让整个空间充满动感。

色彩点评

- 场景中丝带属于红色系配色，红色居多，黄色和橘红色作为辅助色，整体给人一种活泼、温暖的感觉。
- 红色的椅子颜色纯度较高，与丝带的颜色相呼应。
- 绿色的椅子作为点缀色，与红色形成鲜明的对比，增加了空间的活力。

CMYK: 4,85,75,0
CMYK: 5,72,88,0
CMYK: 8,23,88,0
CMYK: 65,32,92,0

推荐色彩搭配

C: 4	C: 5
M: 85	M: 72
Y: 75	Y: 88
K: 0	K: 0

C: 22	C: 12
M: 70	M: 35
Y: 100	Y: 80
K: 0	K: 0

C: 38	C: 25
M: 36	M: 95
Y: 38	Y: 100
K: 0	K: 0

3.2.1 认识橙色

橙色： 橙色是欢乐、活泼、温暖的颜色，常能让人联想到丰收的季节、温暖的太阳以及成熟的橙子，在生活中随处可见。但是橙色也有其缺点，环境中若大面积应用橙色，会让人精神紧张，产生烦躁情绪。高纯度的橙色通常会作为点缀色，为环境添加活力和动感；低纯度的橙色调，例如米色、驼色、琥珀色、褐色则常运用到景观建筑设计中。

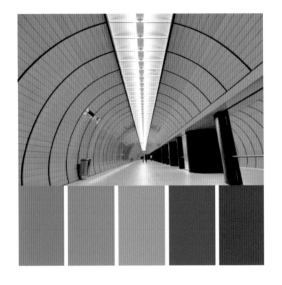

橘色
RGB=235,97,3
CMYK=9,75,98,0

橘红色
RGB=238,114,0
CMYK=7,68,97,0

米色
RGB=228,204,169
CMYK=14,23,36,0

蜂蜜色
RGB=250,194,112
CMYK=4,31,60,0

柿子橙色
RGB=237,108,61
CMYK=7,71,75,0

热带橙色
RGB=242,142,56
CMYK=6,56,80,0

驼色
RGB=181,133,84
CMYK=37,53,71,0

沙棕色
RGB=244,164,96
CMYK=5,46,64,0

橙色
RGB=235,85,32
CMYK=8,80,90,0

橙黄色
RGB=255,165,1
CMYK=0,46,91,0

琥珀色
RGB=203,106,37
CMYK=26,69,93,0

巧克力色
RGB=85,37,0
CMYK=60,84,100,49

阳橙色
RGB=242,141,0
CMYK=6,56,94,0

杏黄色
RGB=229,169,107
CMYK=14,41,60,0

咖啡色
RGB=106,75,32
CMYK=59,69,98,28

重褐色
RGB=139,69,19
CMYK=49,79,100,18

3.2.2 橙色搭配

色彩调性：活跃、兴奋、温暖、富丽、辉煌、炽热、消沉、烦闷。

常用主题色：

CMYK: 0,46,91,0　　CMYK: 7,71,75,0　　CMYK: 5,46,64,0　　CMYK: 26,69,93,0　　CMYK: 9,75,98,0　　CMYK: 49,79,100,18

常用色彩搭配

CMYK: 11,98,100,0
CMYK: 0,45,90,0

CMYK: 4,31,60,0
CMYK: 13,22,35,0

CMYK: 26,69,93,0
CMYK: 5,9,85,0

CMYK: 9,75,98,0
CMYK: 60,84,100,49

正红搭配橘黄，颜色对比鲜明，给人一种喜庆、欢乐的感觉。

蜂蜜色搭配米色，颜色对比较弱，给人一种和煦、休闲的感觉。

琥珀色搭配金色，让人感受到丰收的喜悦，适用于表达与秋季相关的主题。

橘色搭配巧克力色，颜色明度较强，给人一种复古、稳重的感觉。

配色速查

温暖	复古	朴素	休闲

CMYK: 0,65,88,0
CMYK: 0,30,44,0

CMYK: 50,66,72,7
CMYK: 7,55,67,0

CMYK: 35,52,70,0
CMYK: 7,6,5,0

CMYK: 35,52,70,0
CMYK: 25,30,33,0

这是位于建筑外侧的连廊，以钢制材料作为主框架，用于支撑的支柱仿佛石笋和钟乳石，连接着地面和天花板。

色彩点评

- 琥珀色的连廊在灰色调的建筑群中非常突出。
- 琥珀色颜色纯度较低，给人一种温暖但不张扬的感觉。
- 连廊采用单色调，就连内部的花盆也采用相同的颜色，做到了色彩的统一。

CMYK: 37,65,75,0
CMYK: 65,32,92,0
CMYK: 27,23,21,0

推荐色彩搭配

C: 35	C: 52
M: 66	M: 95
Y: 73	Y: 100
K: 0	K: 35

C: 35	C: 27
M: 66	M: 23
Y: 75	Y: 20
K: 0	K: 0

C: 50	C: 67
M: 95	M: 50
Y: 100	Y: 80
K: 28	K: 7

这段广场中的街道设计充满了活力的色彩。阳橙色的街道是整个空间的亮点，具有很强的引导作用。

色彩点评

- 整个界面以高纯度的色彩为基调，整体配色给人一种活泼、年轻的感觉。
- 地面的橙色和灯柱的橘红色为类似色，给人一种和谐、舒适的感觉。
- 绿色的图案作为装饰，让环境中的色彩更加丰富。

CMYK: 0,55,85,0
CMYK: 0,66,90,0
CMYK: 44,27,100,0

推荐色彩搭配

C: 0	C: 33
M: 60	M: 16
Y: 87	Y: 88
K: 0	K: 0

C: 0	C: 40
M: 87	M: 52
Y: 88	Y: 60
K: 0	K: 0

C: 0	C: 0
M: 42	M: 75
Y: 78	Y: 88
K: 0	K: 0

3.3 黄色

3.3.1 认识黄色

黄色: 黄色是所有颜色中光感最强、最活跃的颜色。黄色是一种前进色,在景观设计中,能够营造喜庆、欢乐的氛围。但是黄色调很容易分散注意力,在一些交通道路旁不宜大面积使用,以避免分散注意力 ,引发交通事故。

黄色
RGB=255,255,0
CMYK=10,0,83,0

铬黄色
RGB=253,208,0
CMYK=6,23,89,0

金色
RGB=255,215,0
CMYK=5,19,88,0

香蕉黄色
RGB=255,235,85
CMYK=6,8,72,0

鲜黄色
RGB=255,234,0
CMYK=7,7,87,0

月光黄色
RGB=155,244,99
CMYK=7,2,68,0

柠檬黄色
RGB=240,255,0
CMYK=17,0,84,0

万寿菊黄色
RGB=247,171,0
CMYK=5,42,92,0

香槟黄色
RGB=255,248,177
CMYK=4,3,40,0

奶黄色
RGB=255,234,180
CMYK=2,11,35,0

土著黄色
RGB=186,168,52
CMYK=36,33,89,0

黄褐色
RGB=196,143,0
CMYK=31,48,100,0

卡其黄色
RGB=176,136,39
CMYK=40,50,96,0

含羞草黄色
RGB=237,212,67
CMYK=14,18,79,0

芥末黄色
RGB=214,197,96
CMYK=23,22,70,0

灰菊色
RGB=227,220,161
CMYK=16,12,44,0

3.3.2 黄色搭配

色彩调性： 荣誉、快乐、开朗、活力、阳光、警示、庸俗、廉价、吵闹。

常用主题色：

CMYK: 5,19,88,0　　CMYK: 6,8,72,0　　CMYK: 5,42,92,0　　CMYK: 2,11,35,0　　CMYK: 31,48,100,0　　CMYK: 23,22,70,0

常用色彩搭配

CMYK: 17,0,85,0　　　CMYK: 10,0,82,0　　　CMYK: 31,48,100,0　　CMYK: 10,98,100,0
CMYK: 0,0,0,0　　　　CMYK: 2,11,35,0　　　CMYK: 6,8,72,0　　　CMYK: 10,0,83,0

柠檬黄搭配白色，给人一种鲜明、刺激的感觉。

正黄搭配奶黄整体给人一种温暖、欢乐的感觉。

黄褐色搭配香蕉黄色，颜色类似，但是明度存在差异，整体给人一种和煦、温和的感觉。

红色搭配黄色，两种颜色对比较强，给人一种活泼、充满活力的感觉。

配色速查

温暖	秋天	力量	悠闲

CMYK: 2,8,37,0　　　CMYK: 8,0,75,0　　　CMYK: 7,2,86,0　　　　CMYK: 9,13,85,0
CMYK: 16,12,12,0　　CMYK: 19,47,95,0　　CMYK: 100,100,100,100　CMYK: 38,20,98,0

在这个广场中，黄色的折线装饰是亮点。折线构成简约感、现代感和动感，让原本静态的空间充满韵律。

色彩点评

- 在灰色地面铺装的衬托下，黄色的路段有很强的引导性和吸引力。
- 黄色在灰色的衬托下格外鲜明、耀眼。
- 黄色的路段上摆放座椅，可供行人驻足、休息。

CMYK: 55,44,44,0
CMYK: 8,25,75,0
CMYK: 58,67,85,20

推荐色彩搭配

C: 7	C: 48	C: 13	C: 57	C: 35	C: 60
M: 25	M: 40	M: 25	M: 67	M: 27	M: 73
Y: 75	Y: 40	Y: 90	Y: 87	Y: 27	Y: 88
K: 0	K: 0	K: 0	K: 20	K: 0	K: 33

该室外艺术装置的目的是吸引市民走出家门，在保持社交距离的基础上外出就餐。圆形与长条形桌子在树下错落有致，为游客营造了各种舞台空间和社交氛围。

色彩点评

- 黄色的桌子颜色纯度较高，在室外环境中很容易吸引人们的注意力。
- 黄色的桌子和椅子色调统一，在绿色的树荫下显得格外突出。

CMYK: 58,35,92,0
CMYK: 5,16,67,0
CMYK: 35,30,20,0
CMYK: 60,65,70,15

推荐色彩搭配

C: 5	C: 55	C: 3	C: 4	C: 47	C: 4
M: 18	M: 65	M: 28	M: 16	M: 27	M: 25
Y: 77	Y: 73	Y: 82	Y: 65	Y: 92	Y: 83
K: 0	K: 15	K: 0	K: 0	K: 0	K: 0

3.4.1 认识绿色

　　绿色：绿色是自然界中最常见的色彩，也是景观设计中最常见的色彩，通常来自草坪、树木等植物。绿色给人的视觉印象是活力、希望、安宁、舒适。

黄绿色
RGB=216,230,0
CMYK=25,0,90,0

苹果绿色
RGB=158,189,25
CMYK=47,14,98,0

墨绿色
RGB=0,64,0
CMYK=90,61,100,44

叶绿色
RGB=135,162,86
CMYK=55,28,78,0

草绿色
RGB=170,196,104
CMYK=42,13,70,0

苔藓绿色
RGB=136,134,55
CMYK=46,45,93,1

芥末绿色
RGB=183,186,107
CMYK=36,22,66,0

橄榄绿色
RGB=98,90,5
CMYK=66,60,100,22

枯叶绿色
RGB=174,186,127
CMYK=39,21,57,0

碧绿色
RGB=21,174,105
CMYK=75,8,75,0

绿松石绿色
RGB=66,171,145
CMYK=71,15,52,0

青瓷绿色
RGB=123,185,155
CMYK=56,13,47,0

孔雀石绿色
RGB=0,142,87
CMYK=82,29,82,0

铬绿色
RGB=0,101,80
CMYK=89,51,77,13

孔雀绿色
RGB=0,128,119
CMYK=85,40,58,1

钴绿色
RGB=106,189,120
CMYK=62,6,66,0

3.4.2 绿色搭配

色彩调性：春天、天然、和平、安全、生长、希望、沉闷、陈旧、健康。

常用主题色：

CMYK: 47,14,98,0　　CMYK: 62,6,66,0　　CMYK: 82,29,82,0　　CMYK: 90,61,100,44　　CMYK: 37,0,82,0　　CMYK: 46,45,93,1

常用色彩搭配

CMYK: 82,29,82,0　　　CMYK: 10,0,83,0　　　CMYK: 75,8,75,0　　　CMYK: 46,45,93,1
CMYK: 68,23,41,0　　　CMYK: 2,11,35,0　　　CMYK: 0,0,0,0　　　CMYK: 10,0,83,0

孔雀石绿搭配青蓝色，给人一种严谨、稳定的感受。　　钴绿搭配鲜黄色，较为活泼，散发着青春的气息。　　碧绿和白色搭配给人一种清脆、活泼的感觉。　　苔藓绿搭配苹果绿，使人仿佛置身于丛林，给人一种人与自然相互交融的感觉。

配色速查

田园	新鲜	清脆	幽深

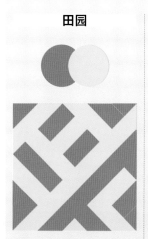   

CMYK: 78,36,100,0　　CMYK: 75,22,95,0　　CMYK: 75,22,95,0　　CMYK: 85,65,83,45
CMYK: 25,0,90,0　　　CMYK: 88,57,100,35　　CMYK: 75,22,95,0　　CMYK: 88,62,75,35
　　　　　　　　　　　CMYK: 0,0,0,0　　　　CMYK: 75,22,95,0　　CMYK: 70,35,100,0

该建筑被绿植包围。这些植物高低错落有致，层次分明。地面有蕨类植物、低灌木蓝莓等，能够突出地面本身的形状，高大的绿植能够增强建筑的私密性。

色彩点评

- 大面积的绿色给人一种生机盎然的感觉。
- 在绿色的映衬下，白色的建筑显得明亮而安静。

CMYK: 58,35,92,0
CMYK: 13,9,10,0

推荐色彩搭配

C: 60	C: 47
M: 44	M: 20
Y: 100	Y: 92
K: 2	K: 0

C: 18	C: 68
M: 12	M: 50
Y: 14	Y: 100
K: 0	K: 11

C: 7	C: 70
M: 6	M: 60
Y: 5	Y: 100
K: 0	K: 30

在别墅区中种植了大量的植物，通过植物装饰环境，能够带来大自然独有的季节性变换景观。同时高大的树木也增强了建筑之间的私密性。

色彩点评

- 绿色在灰色调建筑群中显得生动、活泼。
- 绿色植物丰富多样，符合当地的气候特征，整体自然、统一。
- 绿色的植物在灰色的建筑中能够减弱建筑刚直和刻板的感觉。

CMYK: 20,18,14,0
CMYK: 70,35,100,0

推荐色彩搭配

C: 78	C: 42
M: 50	M: 20
Y: 100	Y: 92
K: 13	K: 0

C: 9	C: 80
M: 9	M: 55
Y: 8	Y: 100
K: 0	K: 23

C: 9	C: 66
M: 9	M: 48
Y: 8	Y: 42
K: 0	K: 0

3.5　青色

3.5.1　认识青色

青色：通常能给人一种冷静、沉稳的感觉，因此常被使用在强调效率和科技的广告设计中。色调的变化能使青色表现出不同的效果。它和同类色或邻近色进行搭配时，会给人一种朝气十足、精力充沛的印象；和灰调颜色进行搭配时则会使人产生古典、清幽之感。

青色
RGB=0,255,255
CMYK=55,0,18,0

铁青色
RGB=82,64,105
CMYK=89,83,44,8

深青色
RGB=0,78,120
CMYK=96,74,40,3

天青色
RGB=135,196,237
CMYK=50,13,3,0

群青色
RGB=0,61,153
CMYK=99,84,10,0

石青色
RGB=0,121,186
CMYK=84,48,11,0

青绿色
RGB=0,255,192
CMYK=58,0,44,0

青蓝色
RGB=40,131,176
CMYK=80,42,22,0

瓷青色
RGB=175,224,224
CMYK=37,1,17,0

淡青色
RGB=225,255,255
CMYK=14,0,5,0

白青色
RGB=228,244,245
CMYK=14,1,6,0

青灰色
RGB=116,149,166
CMYK=61,36,30,0

水青色
RGB=88,195,224
CMYK=62,7,15,0

藏青色
RGB=0,25,84
CMYK=100,100,59,22

清漾青色
RGB=55,105,86
CMYK=81,52,72,10

浅葱色
RGB=210,239,232
CMYK=22,0,13,0

3.5.2　青色搭配

色彩调性： 欢快、淡雅、安静、沉稳、广阔、科技、严肃、阴险、消极、沉静、深沉、冰冷。

常用主题色：

CMYK: 55,0,18,0　　CMYK: 50,13,3,0　　CMYK: 37,1,17,0　　CMYK: 84,48,11,0　　CMYK: 62,7,15,0　　CMYK: 96,74,40,3

常用色彩搭配

CMYK: 55,0,18,0
CMYK: 0,0,0,0

CMYK: 50,13,3,0
CMYK: 20,0,13,0

CMYK: 50,13,3,0
CMYK: 3,30,3,0

CMYK: 55,0,17,0
CMYK: 92,75,0,0

青色搭配白色，给人一种清新、脱俗的感觉。

天青色搭配浅葱色，给人一种冰凉、清爽的感觉。

天青色搭配淡粉色，给人一种活泼、可爱的感觉。

青色和宝石蓝搭配，两种颜色纯度较高，给人一种明朗、鲜明的感觉。

配色速查

清爽	冰凉	理性	沉闷

  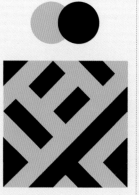 

CMYK: 44,0,7,0
CMYK: 15,0,5,0
CMYK: 0,0,0,0
CMYK: 23,4,10,0

CMYK: 55,0,20,0
CMYK: 75,25,0,0

CMYK: 70,10,12,0
CMYK: 100,95,25,0

CMYK: 75,51,48,1
CMYK: 9,7,7,0

这是一个户外泳池，整体造型简约且富有层次。圆角的处理减弱了矩形刻板的感觉，多了几分柔和、婉转。

色彩点评

- 青色调的泳池让人觉得干净、凉爽。
- 用暖黄色的灯光作为点缀，多了几分活力与动感。
- 泳池外围深色的边框具有强调、突出的作用。

CMYK: 60,35,18,0
CMYK: 70,30,17,0
CMYK: 6,15,20,0

推荐色彩搭配

C: 60 C: 70
M: 35 M: 30
Y: 17 Y: 17
K: 0 K: 0

C: 32 C: 55
M: 23 M: 38
Y: 0 Y: 25
K: 0 K: 0

C: 73 C: 8
M: 37 M: 16
Y: 25 Y: 25
K: 0 K: 0

这是一个室外泳池，泳池是中轴，左右两侧的建筑呈对称分布。泳池造型简约，形状狭长，美观与实用兼备。

色彩点评

- 水是透明的，青色调的泳池能够将水映衬成青色，让人联想到干净、卫生。
- 青色的泳池和白色的建筑整体给人一种清爽、干净的感觉。
- 泳池中青色的灯光具有照明和装饰的双重作用。

CMYK: 40,0,9,0
CMYK: 50,27,13,0
CMYK: 3,35,50,0

推荐色彩搭配

C: 52 C: 50
M: 0 M: 33
Y: 10 Y: 15
K: 0 K: 0

C: 40 C: 52
M: 0 M: 0
Y: 13 Y: 12
K: 0 K: 0

C: 44 C: 72
M: 35 M: 10
Y: 32 Y: 16
K: 0 K: 0

3.6.1　认识蓝色

　　蓝色： 蓝色常使人联想到蔚蓝的大海、晴朗的蓝天，是自由祥和的象征。蓝色是理性的颜色，能给人一种高远、深邃之感。

蓝色
RGB=0,0,255
CMYK=92,75,0,0

矢车菊蓝色
RGB=100,149,237
CMYK=64,38,0,0

午夜蓝色
RGB=0,51,102
CMYK=100,91,47,9

爱丽丝蓝色
RGB=240,248,255
CMYK=8,2,0,0

天蓝色
RGB=0,127,255
CMYK=80,50,0,0

深蓝色
RGB=1,1,114
CMYK=100,100,54,6

皇室蓝色
RGB=65,105,225
CMYK=79,60,0,0

水晶蓝色
RGB=185,220,237
CMYK=32,6,7,0

蔚蓝色
RGB=4,70,166
CMYK=96,78,1,0

道奇蓝色
RGB=30,144,255
CMYK=75,40,0,0

浓蓝色
RGB=0,90,120
CMYK=92,65,44,4

孔雀蓝色
RGB=0,123,167
CMYK=84,46,25,0

普鲁士蓝色
RGB=0,49,83
CMYK=100,88,54,23

宝石蓝色
RGB=31,57,153
CMYK=96,87,6,0

蓝黑色
RGB=0,14,42
CMYK=100,99,66,57

水墨蓝色
RGB=73,90,128
CMYK=80,68,37,1

3.6.2 蓝色搭配

色彩调性: 沉静、冷淡、理智、高深、科技、沉闷、死板、压抑。
常用主题色:

CMYK: 92,75,0,0　CMYK: 80,50,0,0　CMYK: 96,87,6,0　CMYK: 84,46,25,0　CMYK: 32,6,7,0　CMYK: 80,68,37,1

常用色彩搭配

CMYK: 80,50,0,0
CMYK: 100,91,52,21

CMYK: 84,46,25,0
CMYK: 11,45,82,0

CMYK: 32,6,7,0
CMYK: 52,0,84,0

CMYK: 8,75,98,0
CMYK: 92,75,0,0

天蓝色搭配午夜蓝,同类蓝色进行搭配,给人一种以稳定、低调的视觉感。

孔雀蓝搭配橙黄,给人一种活泼、张扬的感觉。

水晶蓝搭配嫩绿色,让人联想到淡蓝的天空和嫩绿的草地,给人一种舒适、安定的感觉。

橘红色搭配蓝色,冷暖形成对比,给人一种活泼、明快的感觉。

配色速查

冷漠	科技	理智	沉闷

CMYK: 92,85,62,42
CMYK: 88,70,35,1

CMYK: 37,0,12,0
CMYK: 100,99,52,2

CMYK: 83,45,12,0
CMYK: 97,83,0,0

CMYK: 90,60,38,0
CMYK: 100,100,55,10

该公园中的道路设计成蓝色调，曲线的造型让道路多了流动性，增强了韵律感。

色彩点评

- 道路原本为深灰色调，在该作品中将道路设计为蓝色调，给人十足的新鲜感。
- 蓝色调的道路带给人宁静、深沉的感觉。
- 两种不同的蓝色让道路的色彩更加丰富，更富有动感。

CMYK: 62,35,95,0
CMYK: 58,11,0,0
CMYK: 62,42,2,0

推荐色彩搭配

C: 63	C: 62
M: 40	M: 18
Y: 19	Y: 0
K: 0	K: 0

C: 70	C: 58
M: 50	M: 11
Y: 85	Y: 0
K: 8	K: 0

C: 55	C: 88
M: 55	M: 60
Y: 60	Y: 7
K: 3	K: 0

这是一个以圆形作为主要视觉元素的广场。地面圆形的图案、圆形的水池和圆形的花坛，给人一种活泼、圆润、亲切的感觉。

色彩点评

- 在这个小广场中，灰色搭配深蓝色，给人一种冷静、理性的感觉。
- 浅灰色的线条明度较高，让整个广场极其节奏感和韵律感。
- 蓝色调的水池和蓝色的地面铺装相互呼应形成统一的色彩。

CMYK: 32,25,22,0
CMYK: 20,13,12,0
CMYK: 81,62,40,0

推荐色彩搭配

C: 40	C: 66
M: 30	M: 58
Y: 30	Y: 60
K: 0	K: 6

C: 36	C: 80
M: 28	M: 72
Y: 26	Y: 52
K: 0	K: 15

C: 78	C: 13
M: 72	M: 10
Y: 90	Y: 9
K: 58	K: 0

3.7 紫色

3.7.1 认识紫色

紫色： 在所有颜色中紫色波长最短。明亮的紫色可以使人产生妩媚、优雅的感觉。紫色是大自然中少有的色彩，但在广告设计中会经常使用，能给观者留下高贵、奢华、浪漫的印象。

紫色
RGB=102,0,255
CMYK=81,79,0,0

木槿紫色
RGB=124,80,157
CMYK=63,77,8,0

矿紫色
RGB=172,135,164
CMYK=40,52,22,0

浅灰紫色
RGB=157,137,157
CMYK=46,49,28,0

淡紫色
RGB=227,209,254
CMYK=15,22,0,0

藕荷色
RGB=216,191,206
CMYK=18,29,13,0

三色堇紫色
RGB=139,0,98
CMYK=59,100,42,2

江户紫色
RGB=111,89,156
CMYK=68,71,14,0

靛青色
RGB=75,0,130
CMYK=88,100,31,0

丁香紫色
RGB=187,161,203
CMYK=32,41,4,0

锦葵紫色
RGB=211,105,164
CMYK=22,71,8,0

蝴蝶花紫色
RGB=166,1,116
CMYK=46,100,26,0

紫藤色
RGB=141,74,187
CMYK=61,78,0,0

水晶紫色
RGB=126,73,133
CMYK=62,81,25,0

淡紫丁香色
RGB=237,224,230
CMYK=8,15,6,0

蔷薇紫色
RGB=214,153,186
CMYK=20,49,10,0

3.7.2 紫色搭配

色彩调性： 芬芳、高贵、优雅、自傲、敏感、内向、冰冷、严厉。

常用主题色：

CMYK: 88,100,31,0　　CMYK: 62,81,25,0　　CMYK: 46,100,26,0　　CMYK: 40,52,22,0　　CMYK: 68,71,14,0　　CMYK: 22,71,8,0

常用色彩搭配

CMYK: 62,81,25,0
CMYK: 50,100,100,30

水晶紫搭配勃艮第酒红，是表现成熟女性魅力的绝佳颜色，给人一种高尚雅致的感觉。

CMYK: 22,71,8,0
CMYK: 9,13,5,0

锦葵紫搭配浅粉红，犹如公主般粉嫩可爱，使人心生一种想要保护的欲望。

CMYK: 88,100,31,0
CMYK: 14,48,82,0

靛青色搭配热带橙，鲜明的配色活力十足，令人心情舒畅。

CMYK: 68,71,14,0
CMYK: 69,3,71,0

江户紫搭配碧绿，让人联想到芬芳的薰衣草，高档、优雅、有格调。

配色速查

敏感

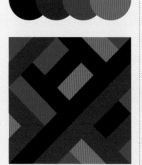

CMYK: 88,100,31,0
CMYK: 99,100,64,42
CMYK: 51,63,0,0
CMYK: 36,24,0,0

神秘

CMYK: 88,100,63,52
CMYK: 85,100,50,13
CMYK: 58,97,5,0
CMYK: 55,80,0,0

妩媚

CMYK: 45,100,25,0
CMYK: 88,100,30,0

浪漫

CMYK: 27,38,0,0
CMYK: 88,100,30,0

该简约风格的建筑环境，室外摆放几何体形状的沙发显得极其匹配。

色彩点评

- 紫色沙发搭配绿色植物显得高雅。
- 搭配灰色的建筑，使紫色更沉稳。

CMYK: 55,44,52,0
CMYK: 56,63,25,0
CMYK: 76,47,100,7

推荐色彩搭配

C: 88　C: 66
M: 100　M: 33
Y: 31　Y: 84
K: 0　K: 0

C: 61　C: 74
M: 78　M: 59
Y: 0　Y: 100
K: 0　K: 29

C: 52　C: 61
M: 68　M: 65
Y: 0　Y: 93
K: 0　K: 23

阳台一角大大的遮阳伞下放置了简约的桌椅及装饰灯，显得更有生活趣味。

色彩点评

- 绿色植物搭配紫色桌椅、装饰灯，让画面更明亮、跳跃，打破了生活中的沉闷。
- 画面中紫色被绿色环绕包裹，更使阳台一角中的桌椅成为最亮眼的中心。

CMYK: 20,18,21,0
CMYK: 69,53,100,13
CMYK: 2,71,6,0
CMYK: 59,96,0,0

推荐色彩搭配

C: 73　C: 31
M: 77　M: 43
Y: 0　Y: 28
K: 0　K: 0

C: 31　C: 50
M: 40　M: 29
Y: 4　Y: 76
K: 0　K: 0

C: 65　C: 8
M: 82　M: 16
Y: 29　Y: 20
K: 0　K: 0

3.8.1 认识黑、白、灰

黑色： 黑色在平面广告中有神秘感又暗藏力量，往往用来表现庄严、肃穆与深沉的情感，常被人们称为"极色"。

白色： 白色通常能让人联想到白雪、白鸽，能使空间增强宽敞感，白色是纯净、正义、神圣的象征，对易动怒的人可起调节作用。

灰色： 灰色是可以最大程度地满足人眼对色彩明度舒适要求的中性色。它的注目性很低，与其他颜色搭配可获得很好的视觉效果，通常灰色会给人留下一种阴天、轻松、随意、舒服的印象。

白色
RGB=255,255,255
CMYK=0,0,0,0

月光白色
RGB=253,253,239
CMYK=2,1,9,0

雪白色
RGB=233,241,246
CMYK=11,4,3,0

象牙白色
RGB=255,251,240
CMYK=1,3,8,0

10%亮灰色
RGB=230,230,230
CMYK=12,9,9,0

50%灰色
RGB=102,102,102
CMYK=67,59,56,6

80%炭灰色
RGB=51,51,51
CMYK=79,74,71,45

黑色
RGB=0,0,0
CMYK=93,88,89,88

3.8.2 黑、白、灰搭配

色彩调性：经典、洁净、暴力、黑暗、平凡、和平、沉闷、悲伤。

常用主题色：

CMYK: 0,0,0,0　　CMYK: 2,1,9,0　　CMYK: 12,9,9,0　　CMYK: 67,59,56,6　　CMYK: 79,74,71,45　　CMYK: 93,88,89,88

常用色彩搭配

CMYK: 0,0,0,0
CMYK: 11,29,41,0

CMYK: 12,9,9,0
CMYK: 90,84,36,2

CMYK: 67,59,56,0
CMYK: 9,69,46,0

CMYK: 93,88,89,80
CMYK: 49,100,99,24

白色搭配浅杏黄，视觉上给人一种舒适、纯净的感受。

10%亮灰搭配墨蓝，给人一种稳重、理性的感觉。

50%灰搭配粉红色，既热情又含蓄，给人一种轻柔、温和的感觉。

黑色搭配深红色，犹如一杯红葡萄酒，高贵而不失性感，给人一种十分魅惑的视觉感。

配色速查

朴素　　　　**平凡**　　　　**内敛**　　　　**温和**

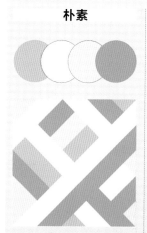   

CMYK: 25,23,38,0
CMYK: 0,0,0,0
CMYK: 9,8,6,0
CMYK: 9,8,6,0

CMYK: 60,48,50,0
CMYK: 7,5,5,0

CMYK: 22,10,5,0
CMYK: 65,50,34,0

CMYK: 40,32,30,0
CMYK: 1,7,15,0

这是一个位于山顶的观景台，金属的结构与周围的磐石给人一种冰冷、严肃的感觉。

色彩点评

■ 深灰色的观景台与周围的自然
环境融为一体，并反射出金属的
寒光，给人一种十足的现代感。

■ 深灰色的观景台与周围的磐石
颜色相近，色调相仿，给人一
种和谐、统一的视觉感。

CMYK: 60,62,66,9
CMYK: 77,79,79,60

推荐色彩搭配

C: 55	C: 70
M: 55	M: 70
Y: 57	Y: 79
K: 1	K: 42

C: 30	C: 100
M: 34	M: 100
Y: 42	Y: 100
K: 0	K: 100

C: 70	C: 18
M: 68	M: 12
Y: 75	Y: 8
K: 33	K: 0

这是一个以曲线作为视觉元素的广场，曲线形的水池、花坛以及道路，这些曲线元素共同营造出现代感
与动感。

色彩点评

■ 大面积的浅灰色铺装给人留下干
净、平和的视觉印象。

■ 绿植是景观设计中不可缺少的元
素，能够调节环境的色彩温度，缓
解地面石材铺装的冰冷感。

CMYK: 15,13,16,0
CMYK: 70,55,90,18

推荐色彩搭配

C: 30	C: 16
M: 25	M: 13
Y: 27	Y: 15
K: 0	K: 0

C: 53	C: 25
M: 35	M: 23
Y: 35	Y: 27
K: 0	K: 0

C: 20	C: 65
M: 15	M: 46
Y: 15	Y: 97
K: 0	K: 4

第4章

景观设计风格
与色彩

景观需要根据国家不同、地域文化不同、建筑环境风格不同而进行相匹配的设计。常见的景观设计风格包括东南亚风格、美式风格、地中海风格、法式风格、中式风格、日式风格、现代风格等。

1.风格特征

东南亚地区处于热带与亚热带气候区，既具有良好的自然条件，又具有独特的民族风情，因此备受大众的喜爱和追捧。东南亚风格景观具有自然、健康、朴素的特质，大到空间的打造，小到细节的装饰，都体现了对自然的尊重。东南亚风格注重就地取材，植被茂密，水景穿插其中，廊亭体量大且多。另外，受西式设计风格的影响常使用浅色系，例如珍珠色、奶白色等。

2.常见元素

多层屋顶、尖塔、木雕、金箔、宗教元素、泰式凉亭、彩色玻璃、珍珠贝壳镶嵌装饰、藤条、竹子、石材。

3.植物配置特点

在东南亚风格景观设计中，植物的配置是关键的一笔，热带植物株型高大、叶片形状大且薄，常用于景观植物配置的有椰树、红槟榔、蒲葵、散尾葵、矮棕、霸王榈等。

色彩调性： 沉稳、内敛、端庄、雄伟、华丽、茂盛。

常用主题色：

CMYK：60,66,63,11　CMYK：75,66,56,15　CMYK：67,85,83,58　CMYK：70,57,100,22　CMYK：72,39,83,1　CMYK：80,70,92,55

常用色彩搭配

CMYK：78,57,100,28
CMYK：41,47,44,0

绿色调和灰褐色调搭配，给人一种原始复古的感觉。

CMYK：70,50,40,0
CMYK：58,90,85,47

蓝灰色搭配红褐色，形成明暗对比，给人一种内敛、理性的感觉。

CMYK：70,12,88,0
CMYK：77,71,60,25

灰色搭配绿色，绿色象征着生命力，给人灵动感，与灰色搭配让氛围多了几分理性和克制。

CMYK：70,60,100,25
CMYK：82,48,100,11

同类色的配色给人一种统一和谐的视觉感受。

配色速查

田园

CMYK：88,55,100,28
CMYK：72,37,88,0
CMYK：35,50,60,0

质朴

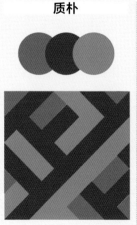

CMYK：65,70,62,17
CMYK：60,80,86,46
CMYK：50,63,55,1

深邃

CMYK：75,40,100,2
CMYK：88,60,100,42
CMYK：63,80,83,50

归隐

CMYK：75,30,100,0
CMYK：70,9,100,0
CMYK：88,63,100,50

该酒店景观设计作品，东南亚风格凉亭是这处环境的视觉中心，被宽阔而高大的植物遮掩着，形成一个隐秘的空间，在这样优美的环境中休息，可让身心得到放松。

色彩点评

- 灰色的凉亭自然、朴素，有很强的民族特色。
- 在这个环境中，泳池像一块蓝宝石，与周围环境形成强烈的反差。
- 路面黄褐色的铺装与凉亭等建筑颜色相似，给人一种统一和谐的视觉感受。

CMYK: 80,48,100,11
CMYK: 52,50,43,0
CMYK: 85,52,15,0
CMYK: 3,4,4,0

推荐色彩搭配

C: 88	C: 42
M: 52	M: 80
Y: 100	Y: 82
K: 22	K: 6

C: 43	C: 55
M: 40	M: 45
Y: 36	Y: 100
K: 0	K: 1

C: 65	C: 85
M: 65	M: 50
Y: 60	Y: 100
K: 11	K: 15

该酒店泳池造型简约，除了具有游泳、嬉水的功能，更是一处水景。泳池不是孤立存在的，高大的椰树、乔木可以装扮环境，还具有遮阴的作用。

色彩点评

- 在这个空间环境中采用红褐色调，地面铺装和建筑颜色相呼应，给人一种宁静、质朴的感觉。
- 绿色是整个环境的辅助色，让环境多了几分活力与亲切之感。
- 青绿色的泳池和蓝色的户外家具，给人一种冰凉、清爽的感觉。

CMYK: 52,58,60,2
CMYK: 80,55,100,25
CMYK: 89,57,50,4

推荐色彩搭配

C: 55	C: 60
M: 63	M: 75
Y: 62	Y: 88
K: 5	K: 37

C: 75	C: 45
M: 27	M: 70
Y: 100	Y: 75
K: 0	K: 6

C: 88	C: 83
M: 60	M: 47
Y: 100	Y: 10
K: 44	K: 0

这是一处酒店的景观设计，曲线造型的泳池给人一种委婉、优美的感觉，周围层次分明的绿植，让整个环境充满灵动感和生命力。

色彩点评

- 淡黄色的地面铺装与青色的泳池让人联想到沙滩和大海。
- 淡蓝色的户外家具颜色清新、活力。
- 苍翠挺拔的树木层次分明，为此处空间增添了鲜明、生动的自然气息。

CMYK: 75,50,100,11
CMYK: 67,23,35,0
CMYK: 7,6,16,0

推荐色彩搭配

C: 65	C: 12
M: 44	M: 16
Y: 100	Y: 37
K: 3	K: 0

C: 75	C: 65
M: 55	M: 25
Y: 85	Y: 40
K: 22	K: 0

C: 65	C: 75
M: 40	M: 60
Y: 95	Y: 88
K: 0	K: 30

在这个空间环境中，植被茂盛而丰富，高低错落有致，充分利用了垂直空间。典雅、朴素的东南亚风格建筑位于其中，形成一个极端的私密空间。

色彩点评

- 整个环境中绿色为主色调，植物不仅可以美化环境，还可调节空间中的湿度、净化空气等。
- 建筑为灰色搭配红褐色，在绿色的衬托下更显得自然、古朴。

CMYK: 75,50,100,11
CMYK: 50,43,37,0

推荐色彩搭配

C: 65	C: 80
M: 30	M: 60
Y: 80	Y: 82
K: 0	K: 20

C: 60	C: 47
M: 13	M: 60
Y: 90	Y: 65
K: 0	K: 2

C: 55	C: 50
M: 65	M: 43
Y: 63	Y: 31
K: 8	K: 0

1.风格特征

美式风格是崇尚自由、随性、不羁的风格。美式风格景观设计最大的特点是休闲与放松，摒弃了复杂和奢华，强调简洁、明晰的线条，注重实用性、品质感和细节。

2.常见元素

草坪、天然木、石、藤、竹等材质质朴的纹理和品质感的户外家具。

3.植物配置特点

鸡爪槭、山茶、针茅、多花梾木、紫叶欧洲水青冈、北美鹅掌楸、二球悬铃木、加拿大铁杉、异叶铁杉、美洲榆等。

色彩调性： 休闲、稳重、安逸、舒适、温柔、明快。

常用主题色：

CMYK: 27,20,34,0　CMYK: 62,61,72,15　CMYK: 13,16,30,0　CMYK: 42,32,44,0　CMYK: 23,22,53,0　CMYK: 60,11,100,0

常用色彩搭配

CMYK: 32,30,42,0
CMYK: 70,12,100,0

卡其色搭配绿色，内敛素雅中透着与世无争的舒服感。

CMYK: 44,48,62,0
CMYK: 58,55,67,4

两种颜色类似，形成明暗对比，给人一种不加粉饰、自然质朴的感觉。

CMYK: 60,38,93,0
CMYK: 20,40,42,0

浅褐色调搭配绿色调，给人一种质朴、素雅的感觉。

CMYK: 52,77,83,20
CMYK: 15,20,43,0

红褐色搭配米色，暖色调的配色给人一种柔和、舒适的感觉。

配色速查

文艺

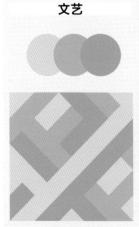

CMYK: 25,18,17,0
CMYK: 25,40,40,0
CMYK: 38,44,75,0

成熟

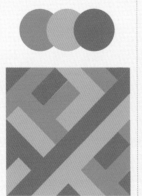

CMYK: 37,57,68,0
CMYK: 25,40,52,0
CMYK: 63,58,62,7

亲戚

CMYK: 25,20,24,0
CMYK: 38,38,39,0
CMYK: 60,45,73,1

坚定

CMYK: 44,83,75,6
CMYK: 50,57,47,0
CMYK: 44,45,48,0

在这个庭院中，水景是视觉焦点，为整个环境增添了灵性。地面天然石材的铺装，保留了自然的机理与色彩，给人一种朴素、自然的感觉。

色彩点评

- 白色调的建筑和褐色调的地面铺装，给人一种粗犷大气、天然随意的感觉。
- 青色调的水池搭配错落有致的阶梯，让整个场景鲜活起来。
- 庭院周围高大的树木，形成一圈绿色屏风，给人一种安全感。

CMYK: 72,44,100,4
CMYK: 35,35,40,0
CMYK: 60,11,17,0

推荐色彩搭配

C: 35	C: 38
M: 33	M: 40
Y: 45	Y: 48
K: 0	K: 0

C: 20	C: 45
M: 20	M: 35
Y: 28	Y: 32
K: 0	K: 0

C: 50	C: 32
M: 58	M: 30
Y: 75	Y: 35
K: 4	K: 0

在这个庭院中，宽阔、平摊的草坪占据了较大的面积，草坪可以观赏也可以用来休息、嬉戏，美观性与实用性兼备。

色彩点评

- 绿色是这个庭院的主色调，与建筑的颜色搭配在一起，让人觉得舒适、放松。
- 白色的室外家具与建筑的颜色相同，为环境增添了优雅与宁静。

CMYK: 63,25,89,0
CMYK: 20,15,13,0
CMYK: 50,60,66,4

推荐色彩搭配

C: 25	C: 48
M: 40	M: 50
Y: 44	Y: 50
K: 0	K: 0

C: 55	C: 55
M: 22	M: 65
Y: 66	Y: 66
K: 0	K: 8

C: 73	C: 27
M: 55	M: 20
Y: 100	Y: 18
K: 18	K: 0

这是一个海景别墅景观设计作品，宽阔的草坪占据了绝大部分面积，更凸显建筑的气派，给人一种生机勃勃的感觉。

色彩点评

■ 灰白色的道路与浅色的颜色相呼应，海的蓝色给人一种清爽、洁净的感觉。

■ 庭院以乔木和灌木限定边界，弱化了边界的生硬感。

■ 在绿色的衬托下，浅色调的建筑轻盈、干净、大气。

CMYK: 77, 50,100,10
CMYK: 23,20,20,0
CMYK: 32,10,1,0

推荐色彩搭配

C: 75　C: 15
M: 50　M: 15
Y: 100　Y: 15
K: 11　K: 0

C: 80　C: 45
M: 55　M: 28
Y: 100　Y: 22
K: 30　K: 0

C: 80　C: 60
M: 50　M: 52
Y: 100　Y: 95
K: 15　K: 7

这是一个庭院的就餐区，空间线条流畅，内容丰富饱满，布局划分合理，整个空间实用性更强。

色彩点评

■ 这个空间以灰色为主色调，地面铺装黑色的栅栏，奠定了整个环境的色彩基调。

■ 水泥和石材搭配，颜色相似，给人一种理性、冰凉的感觉。

■ 灰色调的空间容易给人一种冰冷的感觉，而正黄色的座椅搭配暖黄色的灯光和熊熊燃烧的火焰，让空间顿时变得温暖。

CMYK: 43,30,25,0
CMYK: 75,60,78,25
CMYK: 20,30,85,0

推荐色彩搭配

C: 30　C: 75
M: 16　M: 65
Y: 15　Y: 55
K: 0　K: 10

C: 83　C: 27
M: 78　M: 17
Y: 68　Y: 15
K: 47　K: 0

C: 77　C: 75
M: 60　M: 58
Y: 55　Y: 77
K: 7　K: 20

1.风格特征

地中海物产丰饶，孕育出丰富多样的风貌。地中海风格的基础是明亮、大胆、色彩丰富、简单、民族性、有明显特色。重现地中海风格不需要太大的技巧，而应保持简单的意念，捕捉光线、取材大自然，大胆而自由地运用色彩、样式。

2.常见元素

花园水景、游泳池、喷泉、陶盆、陶罐、陶瓷砖、地砖、碎石、雕塑、廊柱、棚架、铁艺等。

3.植物配置特点

配置大量棕榈科植物和色彩绚丽的灌木，以及攀爬类植物组合成立体化绿化，让植物空间层次分明。因为地中海气候干燥，所以很少有草坪。常见的植物有棕榈、蒲葵、夹竹桃、绣球、大王椰子等。

色彩调性： 休闲、放松、怀旧、古典、鲜活、兴奋、纯粹。

常用主题色：

CMYK：23,25,37,0　　CMYK：10,12,15,0　　CMYK：37,70,88,0　　CMYK：65,85,95,58　　CMYK：65,13,3,0　　CMYK：82,75,5,0

常用色彩搭配

CMYK：9,10,15,0
CMYK：45,75,90,9

卡其色和棕黄色搭配，给人一种复古、怀旧之感。

CMYK：25,42,55,0
CMYK：60,70,90,30

黄褐色调的颜色搭配，属于同类色，让人联想到石材和土地，给人一种朴素、自然的感觉。

CMYK：0,0,0,0
CMYK：92,75,0,0

白色搭配高纯度的宝石蓝色，给人一种纯粹、鲜明的视觉感受。

CMYK：75,45,100,8
CMYK：22,23,32,0

绿色搭配卡其色，让人感觉到舒适与放松。

配色速查

怀旧

CMYK：50,72,80,15
CMYK：50,62,50,0
CMYK：20,22,30,0

放松

CMYK：32,28,30,0
CMYK：0,0,0,0
CMYK：90,63,0,0

安逸

CMYK：65,82,93,55
CMYK：20,40,58,0
CMYK：23,20,25,0

惬意

CMYK：32,42,55,0
CMYK：0,6,7,0
CMYK：62,0,11,0

　　该别墅水景采用了水景和泳池相结合的方式，泳池采用扇形的设计方式，与建筑风格相呼应，形成统一的艺术风格。

色彩点评

- 淡黄色的墙体和黄褐色的屋顶，给人一种温暖、朴实的亲切感。
- 宝石蓝的花盆颜色鲜明，在暖色调的空间内特别鲜明、突出。
- 自然生长的绿植让环境中的气氛更加鲜活。

CMYK: 23,25,37,0
CMYK: 20,20,20,0
CMYK: 90,60,46,3
CMYK: 89,85,7,0

推荐色彩搭配

C: 26	C: 10
M: 25	M: 12
Y: 27	Y: 15
K: 0	K: 0

C: 37	C: 37
M: 62	M: 62
Y: 68	Y: 68
K: 0	K: 0

C: 22	C: 65
M: 20	M: 72
Y: 23	Y: 70
K: 0	K: 27

　　该酒店泳池以带有民族性花纹的瓷砖作为装饰，既美观又能够突出当地特色。

色彩点评

- 泳池宝石蓝的点缀色与蓝色的池水搭配获得了和谐统一的视觉效果。
- 在这个空间环境中，蓝色的泳池与天空颜色相呼应。
- 大面积的攀爬植物攀附于建筑，形成了独特的风景。

CMYK: 72,15,7,0
CMYK: 30,41,57,0
CMYK: 62,70,70,22

推荐色彩搭配

C: 85	C: 27
M: 50	M: 42
Y: 15	Y: 55
K: 0	K: 0

C: 12	C: 43
M: 40	M: 43
Y: 55	Y: 38
K: 0	K: 0

C: 92	C: 12
M: 77	M: 2
Y: 0	Y: 9
K: 0	K: 0

地中海风格建筑线条简单，修边浑圆，给人一种返璞归真、与众不同的感觉。泳池造型简单，呈现出简洁、自然的风格。湛蓝的天空和苍翠的树木使整个环境更加明亮、澄净、清新，整体环境给人留下轻松、自然的印象。

色彩点评

- 在这个空间环境中，白色的建筑和浅灰色的地面铺装给人一种轻盈、干净的感觉。
- 青色的泳池与白色搭配，整体环境简单、明亮。
- 高大挺拔的椰树与葱茏的青草为此处空间增添了鲜活、生命的气息。

CMYK: 72,15,15,0
CMYK: 70,55,100,18
CMYK: 25,17,13,0

推荐色彩搭配

C: 58	C: 26
M: 50	M: 20
Y: 53	Y: 15
K: 0	K: 0

C: 33	C: 80
M: 20	M: 35
Y: 15	Y: 25
K: 0	K: 0

C: 67	C: 55
M: 70	M: 44
Y: 60	Y: 43
K: 16	K: 0

这是一个庭院景观设计，花园呈对称布局，整体统一，高低错落有致，给人一种严谨、整体的视觉感受。

色彩点评

- 建筑部分白色搭配黄褐色，地面铺装采用黄褐色，整个空间环境散发出一种亲近土地、自然的温暖气息。
- 茂密的绿植被修剪得整整齐齐，整个花园给人一种细腻、精巧的视觉感受。

CMYK: 63,40,100,1
CMYK: 25,32,47,0
CMYK: 0,0,0,0

推荐色彩搭配

C: 20	C: 40
M: 35	M: 67
Y: 37	Y: 73
K: 0	K: 1

C: 13	C: 70
M: 25	M: 52
Y: 25	Y: 82
K: 0	K: 10

C: 64	C: 0
M: 48	M: 0
Y: 90	Y: 0
K: 5	K: 0

1.风格特征

法式风格景观设计一直以其细腻、华丽的品位而著称，对称和秩序是法式风格的核心。在布局时，主轴从建筑物开始沿着一条直线延伸，最美的花坛、喷泉、雕塑布置在对称轴上。整个景观条例清晰，秩序严谨，主次分明，庄重典雅、浪漫并且变化丰富。

2.常见元素

精美的喷泉、雕塑、法式廊柱、雕花、绿篱、错综复杂的地面铺设。

3.植物配置特点

植物大多是阔叶乔木，往往密集种植，形成树丛，通过修剪营造干净、整齐的形象。常见的景观植物有黄杨树、油松、梧桐、杨树、银杏、云杉、五角枫、水腊、丁香、石榴树、玫瑰小桃红、连翘等。

色彩调性： 放松、温暖、朴素、深邃、新生、沉稳。

常用主题色：

CMYK: 22,25,90,0　CMYK: 4,18,35,0　CMYK: 44,47,70,0　CMYK: 70,70,75,35　CMYK: 53,27,78,0　CMYK: 85,65,75,40

常用色彩搭配

CMYK: 25,32,55
CMYK: 7,9,18,0

CMYK: 52,83,100,30
CMYK: 31,25,25,0

CMYK: 18,18,25,0
CMYK: 70,65,55,10

CMYK: 70,55,100,17
CMYK: 62,60,65,10

土黄色调的搭配让人感觉温暖和热情。

褐色和灰色的搭配，可以给人一种成熟中带有稳重、老练的感觉。

两种颜色的纯度较低，对比较弱，给人一种舒适、闲散的感觉。

橄榄绿搭配灰色，给人一种质朴、安逸的感觉。

配色速查

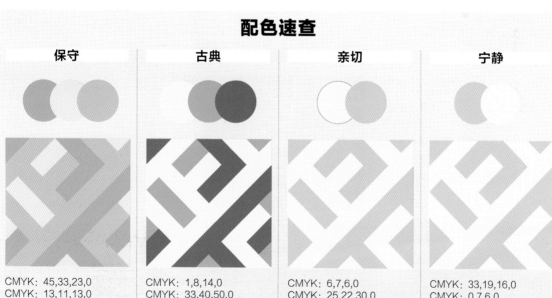

保守	古典	亲切	宁静
CMYK: 45,33,23,0 CMYK: 13,11,13,0 CMYK: 34,25,25,0	CMYK: 1,8,14,0 CMYK: 33,40,50,0 CMYK: 75,65,50,7	CMYK: 6,7,6,0 CMYK: 25,22,30,0	CMYK: 33,19,16,0 CMYK: 0,7,6,0

这是一家法式风格酒店的水景区域，整个场景的地面铺装以水景为圆心向外层层扩散，形成秩序美感。晶莹通透的深蓝色池水与澄净的蓝色天空相映衬，给人留下唯美、浪漫、神秘的印象。

色彩点评

- 灰色的地面铺装是整个空间环境的主色调，给人一种理性、崇高的感觉。
- 蓝色的水景与地面上的装饰线条、点相呼应。
- 建筑、地面以及室外家具色彩明度较高，视觉效果质朴、宁静。

CMYK: 25,25,25,0
CMYK: 80,55,38,0
CMYK: 73,50,90,10

推荐色彩搭配

C: 23	C: 35
M: 20	M: 35
Y: 23	Y: 35
K: 0	K: 0

C: 35	C: 46
M: 33	M: 30
Y: 35	Y: 23
K: 0	K: 0

C: 55	C: 68
M: 53	M: 40
Y: 57	Y: 89
K: 0	K: 1

该别墅水景，水池对称的造型给人一种庄重、协调的美感。并搭配喷泉，让水活动起来，让环境更加灵动。

色彩点评

- 这处景观位于林荫之下，被树和草坪包围，满眼的绿色让人身心放松。
- 白色的石材与雕塑搭配绿色，给人一种清新、优雅的感觉。
- 水池的颜色与建筑的颜色遥相呼应，给人一种统一的视觉感受。

CMYK: 60,27,100,0
CMYK: 17,20,20,0

推荐色彩搭配

C: 60	C: 78
M: 20	M: 58
Y: 99	Y: 89
K: 0	K: 26

C: 60	C: 25
M: 45	M: 27
Y: 35	Y: 27
K: 0	K: 0

C: 75	C: 7
M: 58	M: 6
Y: 93	Y: 5
K: 27	K: 0

该豪宅入口处，高大的树木青翠、挺拔，对称式的布局庄重、严肃，整体给人留下气派、奢华的印象。

色彩点评

■ 整个场景多用灰色调，大面积使用石材，营造出恢宏的气势。

■ 植物造景让空间环境多了几分生活气息。

CMYK: 25,29,35,0
CMYK: 75,53,100,17
CMYK: 55,43,22,0

推荐色彩搭配

C: 38	C: 20
M: 36	M: 28
Y: 40	Y: 44
K: 0	K: 0

C: 70	C: 35
M: 44	M: 32
Y: 100	Y: 25
K: 3	K: 0

C: 72	C: 82
M: 44	M: 62
Y: 100	Y: 95
K: 3	K: 44

在这个场景中，人为痕迹较重，植物搭配考究且修整，运用喷水池，整体给人一种庄严肃穆的感觉。

色彩点评

■ 整个环境颜色非常干净、纯粹，浅卡其色给人一种亲切、热忱的感觉。

■ 盛开的红色花朵让环境多了几分欢乐、活跃的气息。

CMYK: 15,15,30,0
CMYK: 68,40,100,1
CMYK: 40,30,40,0

推荐色彩搭配

C: 40	C: 10
M: 36	M: 14
Y: 50	Y: 28
K: 0	K: 0

C: 32	C: 60
M: 30	M: 44
Y: 50	Y: 55
K: 0	K: 0

C: 33	C: 60
M: 29	M: 30
Y: 40	Y: 100
K: 0	K: 0

1.风格特征

中式风格可以分为传统中式风格和现代中式风格。由于不同地域人们不同的生活习惯，中华大地留下了许多各具特色的建筑。传统中式风格可分为皖派、闽派、京派、苏派、晋派、川派。现代中式风格也叫新中式，是将中国传统风格与现代时尚风格相结合的一种方式，既保留了传统文化的特征，又体现了时代特色。

2.常见元素

粉墙黛瓦、朱红大门木雕、石雕、砖雕飞檐、亭台楼阁、水榭、藤架、石凳石桌、红砖碧瓦、竹林、水景等。

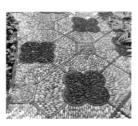

3.常见植物

植物以枝杆修长、叶片飘逸、花小色淡的种类为主，例如：白玉兰、海棠、牡丹、石榴、竹、水石榕、垂柳、桂花、芭蕉、迎春、菖蒲、水葱、鸢尾等。

色彩调性： 丰硕、质朴、理性、古典、庄重、保守、严谨、坚定。

常用主题色：

CMYK: 44,60,77,1　CMYK: 60,63,75,17　CMYK: 60,52,44,0　CMYK: 70,75,6023　CMYK: 40,45,50,0　CMYK: 44,47,95,0

常用色彩搭配

CMYK: 7,6,5,0
CMYK: 72,60,52,5

CMYK: 3,7,11,0
CMYK: 57,58,60,4

CMYK: 75,70,70,40
CMYK: 67,76,89,50

CMYK: 73,75,70,40
CMYK: 0,0,0,0

亮灰色搭配灰色，色彩含蓄、内敛，具有雅致、古典的韵味。

米色搭配棕色，色调温暖，给人一种祥和、质朴的感觉。

灰黑色搭配深棕色，颜色明度较低，给人一种庄严、肃穆的感觉。

棕色搭配白色，具有一种自然、纯净、质朴的美感。

配色速查

| 崇高 | 明快 | 诚实 | 朴实 |

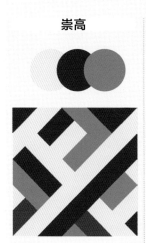   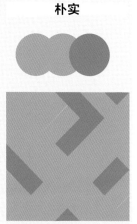

CMYK: 10,13,17,0
CMYK: 70,77,87,57
CMYK: 66,50,89,8

CMYK: 4,7,11,0
CMYK: 3,9,17,0
CMYK: 72,74,70,40

CMYK: 22,19,19,0
CMYK: 15,32,60,0
CMYK: 98,87,48,16

CMYK: 47,38,35,0
CMYK: 40,40,40,0
CMYK: 55,57,58,1

婉约典雅的苏式园林极其淡雅、闲适韵味。黑瓦白墙蕴含着江南水乡的朴素、沉静。池中的嶙峋怪石与碧绿的荷叶、苍松为此处寂静的空间增添了生动、鲜活的气息。路径曲折，置身其中，给人幽静、雅致的印象。现代的玻璃门窗既便于欣赏窗外的景色，又带有古今结合的时代特色，美观性和实用性俱佳。

色彩点评

- 整体环境色调较为灰暗，黑色瓦片与灰色地面使此处空间气氛较为凝重、沉静。
- 青翠的草木减弱了环境的沉寂，注入了生动、鲜活的气息。
- 白色的墙面简洁、干净，与黑色的屋顶、窗棂搭配在一处，视觉效果朴素、宁静，更显古典、淡雅的气韵。

CMYK: 21,16,15,0
CMYK: 70,62,59,11
CMYK: 88,55,91,25

推荐色彩搭配

C: 70	C: 6
M: 62	M: 4
Y: 59	Y: 4
K: 11	K: 0

C: 79	C: 57
M: 70	M: 81
Y: 68	Y: 100
K: 35	K: 39

C: 70	C: 72
M: 62	M: 44
Y: 59	Y: 67
K: 11	K: 1

这是一处洞门的景观设计，圆形的造型模仿圆月，展现出古代人民的诗意情怀，给人一种秀丽、独特的感觉。作为园林景观的一部分，洞门可以展现出一种"框景"美，既可欣赏洞门外苍翠的草木，也可观赏门内美景。地面铺装的鹅卵石形成精致的图案，生动、优美。

色彩点评

- 灰瓦白墙与灰白相间的地面相映衬，色彩质朴、沉静，给人一种静谧、幽静的感觉。
- 苍翠葱茏的草木与朴素的墙面形成鲜明对比，让整个环境充满鲜活感。

CMYK: 11,5,9,0
CMYK: 66,51,49,0
CMYK: 70,36,91,0

推荐色彩搭配

C: 24	C: 73
M: 18	M: 47
Y: 17	Y: 99
K: 0	K: 7

C: 46	C: 54
M: 40	M: 80
Y: 100	Y: 98
K: 0	K: 30

C: 50	C: 10
M: 100	M: 23
Y: 100	Y: 90
K: 31	K: 0

这是一处水榭的景观设计，如果置身其中，既可欣赏到优美的园林美景，又可享受到习习微风，放松心情。在碧绿澄澈的湖水映衬下，荷花显得更加粉嫩、娇艳，成为人们的视觉焦点，为此处环境增添了明媚、清新的气息。

色彩点评

- 深灰色的瓦片与深棕色柱子、围栏营造出一个闲适、安静的休闲区域，给人带来一种舒适、愉悦的感受。
- 在这个空间内，碧绿的湖水与青翠的荷叶、植物占据较大面积，给人一种生机勃勃的感觉。
- 粉色的荷花与周围环境形成鲜明对比，在碧绿湖水的衬托下更加鲜活、夺目，给人留下灵动、美妙的印象。

CMYK: 61,51,47,0
CMYK: 72,87,86 ,67
CMYK: 73,47, 99,7
CMYK: 14,47,11,0

推荐色彩搭配

C: 58 C: 72
M: 87 M: 46
Y: 100 Y: 53
K: 47 K: 0

C: 79 C: 68
M: 28 M: 30
Y: 55 Y: 100
K: 0 K: 0

C: 50 C: 24
M: 100 M: 18
Y: 100 Y: 17
K: 31 K: 0

这是园林的一角，古朴、庄重的亭台连接着蜿蜒曲折的石径，给人一种深邃、幽静的感觉。柔韧、清丽的兰草让整个环境更显淡雅、庄重。地面铺就的天然石材形成唯美的图案，体现出中式古典的圆融如意，展现出一种稳定、内蕴之美。

色彩点评

- 深灰色的瓦片与深棕色的柱子明度较低，给人一种庄重、沉静、古朴的感觉。
- 兰草与其他植物占据较大面积，充满鲜活的生命气息。
- 地面铺装的天然石材，呈现出绿色色调，与周围植物相呼应，给人一种自然、轻松的感受。

CMYK: 72,44,67,1
CMYK: 72,54,90,15
CMYK: 70,83,98,63

推荐色彩搭配

C: 43 C: 88
M: 40 M: 55
Y: 42 Y: 91
K: 0 K: 25

C: 55 C: 100
M: 91 M: 94
Y: 78 Y: 46
K: 33 K: 12

C: 40 C: 4
M: 100 M: 12
Y: 100 Y: 24
K: 6 K: 0

1.风格特征

日式风格景观设计以含蓄、恬静、淡薄为美，将自然景色与建筑结合起来，形成充满质朴、禅意的东方美学。其特点是小巧而精致、枯寂而玄妙、抽象而深邃。

2.常见元素

置岛、瀑布、土山、溪流、桥、亭、榭、石组、树木、飞石、石灯笼等。

3.常见植物

日式庭院鲜少有鲜花植物，多以草木为主，常见的植物有树形优美的红枫、松树、樟树、冬青、苔藓等。

色彩调性： 庄重、禅意、宁静、质朴、无瑕、本真。

常用主题色：

CMYK: 75,45,100,5　CMYK: 60,22,92,0　CMYK: 52,55,70,3　CMYK: 43,80,100,8　CMYK: 55,88,100,44　CMYK: 75,75,80,55

常用色彩搭配

CMYK: 58,87,68,30，　CMYK: 53,15,72,0，　CMYK: 58,65,95,20，　CMYK: 75,50,100,11，
CMYK: 60,66,70,15，　CMYK: 75,53,98,17，　CMYK: 47,37,28,0，　CMYK: 75,70,62,25，

红色调的配色给人一种质朴、肃穆的感觉。　两种不同明度的绿色增强了空间环境的层次感，给人一种鲜活、生动的感觉。　棕色与灰色搭配颜色明度较低，较为严谨、庄重。　深灰色与墨绿色明度较低，具有幽深、沉寂的意境。

配色速查

考究

CMYK: 35,50,65,0
CMYK: 67,73,70,33
CMYK: 75,71,62,25

严厉

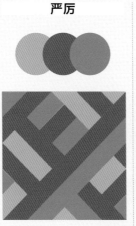

CMYK: 62,28,90,0
CMYK: 49,77,100,16
CMYK: 67,55,52,3

幽静

CMYK: 78,51,100,16
CMYK: 82,62,100,44
CMYK: 70,38,100,1

忠厚

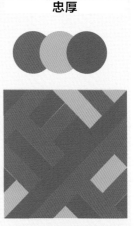

CMYK: 60,60,100,17
CMYK: 42,32,58,0
CMYK: 80,55,100,25

这是一座日式庭院的一角，一株红枫映入眼帘，在苍翠的树木衬托下更加浓烈、鲜活，使整个环境呈现出鲜活的景象。细流潺潺从庭院深处流过石堆，带有一种流动的、自然的美感，石缝中精心栽植的苔藓凸显生命的美感。这种人工与自然的结合更具自然韵味，整体环境给人留下幽静、清雅的印象。

色彩点评

- 艳烈的红枫与翠绿的树木形成鲜明对比，使整体环境更加鲜活、色彩丰富，更具观赏性。
- 灰白色的石材上墨绿的苔藓，更具鲜活与自然的气息。
- 水塘的颜色与建筑的颜色色调冷暖相近，给人一种和谐、朴实的视觉感受。

CMYK: 73,50,100,10
CMYK: 42,30,27,0
CMYK: 70,70,71,33

推荐色彩搭配

C: 53	C: 20	C: 85	C: 55	C: 68	C: 64
M: 40	M: 20	M: 52	M: 25	M: 40	M: 70
Y: 35	Y: 40	Y: 100	Y: 83	Y: 100	Y: 70
K: 0	K: 0	K: 20	K: 0	K: 1	K: 25

该景观作品中，鲜活青翠的植物占据较大面积，给人一种心旷神怡的感受。小巧精致的木屋与地面铺就的光滑石板既带有人工雕琢的痕迹，又不失原始的自然美感。错落栽植的植物展现出自由生长的生命力的美。整体给人留下质朴、纯真、清新的印象。

色彩点评

- 原木色的木屋带有一种天然、朴素的自然气息，给人一种朴素、自然的感受。
- 草木葳蕤，青翠鲜活，丰富了环境的色彩，提升了环境的观赏性。
- 灰色的石板路与屋顶相互映衬，给人一种朴素、踏实、宁静的感受。

CMYK: 17,0,70,0   CMYK: 68,43,100,2
CMYK: 35,65,75,0   CMYK: 53,42,28,0

推荐色彩搭配

C: 32	C: 55	C: 50	C: 35	C: 40	C: 50
M: 60	M: 23	M: 75	M: 73	M: 30	M: 75
Y: 75	Y: 80	Y: 97	Y: 92	Y: 28	Y: 96
K: 0	K: 0	K: 15	K: 1	K: 0	K: 16

在茂密繁盛的树林掩映下的这座寂静、安宁的小院中，既可享受到清新的空气，又可以体会到无人打扰的宁静。人工雕刻的石灯笼与山石既具有人造的美感，又凸显了一种禅意与庄重的意境。

色彩点评

- 大面积的树木笼罩在庭院之上，整个环境呈绿色，起到放松身心的作用。
- 青灰色的石灯笼与山石在鲜活的草木映衬下更加肃穆、庄严。
- 木制的门扉与篱笆充满自然的气息，给人一种质朴、天然的视觉感受。

CMYK: 77,61,100,37
CMYK: 32,25,47,0

推荐色彩搭配

C: 77	C: 58
M: 57	M: 40
Y: 100	Y: 86
K: 27	K: 0

C: 82	C: 70
M: 65	M: 63
Y: 100	Y: 90
K: 50	K: 32

C: 42	C: 68
M: 40	M: 60
Y: 76	Y: 100
K: 0	K: 25

该日式茶室景观设计，空间环境较为逼仄，但草、树木、步石等景观俱全。相较于层次丰富、复杂迂回的中国园林更加简洁、小巧。石径上铺就的鹅卵石象征着崎岖的山间小路，营造出一种清静、平和的氛围。

色彩点评

- 在这处空间环境中，绿色的树木和花草占据较大面积，整个空间宁静、清幽，使人心情平静放松。
- 石块的颜色与茶室的颜色协调，原木的棕色营造出质朴、祥和的氛围。
- 石径以花色的鹅卵石铺就，与苍翠的绿植对比鲜明，可以引导人们前进的路线，既具有较强的引导性，又具有装饰性。

CMYK: 53,89,100,35
CMYK: 88,58,100,34
CMYK: 54,12,94,0
CMYK: 39,42,58,0

推荐色彩搭配

C: 83	C: 40
M: 60	M: 40
Y: 90	Y: 40
K: 35	K: 0

C: 68	C: 80
M: 38	M: 60
Y: 100	Y: 100
K: 0	K: 40

C: 65	C: 80
M: 83	M: 47
Y: 100	Y: 100
K: 55	K: 10

1.风格特征

在形式上以简单的点、线、面为基本构图元素，突出少即是多的原则。现代风格注重空间的功能性，景观多用树阵列点缀，形成人流动的空间。

2.常见元素

抽象雕塑品、艺术花盆、石块、鹅卵石、不锈钢、天然石材、混凝土人造石、多种石材混合等。

3.植物配置特点

现代风格植物配置的特点以自然型和修剪整齐的植物相配合种植，大多会就地取材。常见植物有梧桐、枫树、水杉、榆树、雪松、榕树、玉兰、侧柏、月季、紫叶李、美人蕉、萱草、木槿等。

色彩调性： 沉着、中庸、简洁、干净、理性、舒适。

常用主题色：

CMYK: 65,72,70,40　CMYK: 44,35,32,0　CMYK: 7,6,5,0　CMYK: 0,0,0,0　CMYK: 87,75,50,17　CMYK: 27,25,40,0

常用色彩搭配

CMYK: 40,33,30,0，
CMYK: 75,66,58,17，

灰色调的搭配往往给人一种中庸、冷静、克制的感觉。

CMYK: 72,65,65,18，
CMYK: 70,75,75,45，

灰色和深灰色搭配，颜色明度较低，给人一种内敛、沉稳的感觉。

CMYK: 20,13,9,0，
CMYK: 60,40,88,0

亮灰色搭配绿色，干净而优雅。

CMYK: 30,25,28,0，
CMYK: 97,91,50,20

灰色搭配深蓝色，给人一种忧郁、理性的感觉。

配色速查

冷静　　　　　　春天　　　　　　沉稳　　　　　　鲜明

  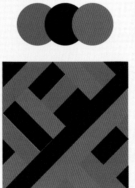

CMYK: 20,12,11,0
CMYK: 35,22,20,0
CMYK: 70,65,61,15

CMYK: 4,3,4,0
CMYK: 7,6,5,0
CMYK: 35,9,67,0

CMYK: 70,65,60,15
CMYK: 100,100,100,100
CMYK: 52,66,82,12

CMYK: 0,0,0,0
CMYK: 86,82,84,72
CMYK: 70,50,100,10

这是一家度假酒店的泳池。泳池造型简单，整齐的四方形最大限度地使用了空间。泳池周围休息区的地面以不同的材料铺就，将休息区分成不同的空间，既可以沐浴阳光、又可以舒适地小憩。外围种植的高大宽阔的树木既起到遮阳的作用，又可以净化空气、陶冶身心。

色彩点评

- 在大面积的树木围绕下，空间环境更加鲜活、清新。
- 白色的户外用具与建筑相互映衬，给人一种简洁、干净的感觉。
- 青绿色的泳池与天空的颜色相呼应，为环境营造出一种开阔、清爽的氛围。

CMYK: 58,40,100,0
CMYK: 70,35,30,0
CMYK: 8,6,6,0

推荐色彩搭配

C: 32	C: 77
M: 27	M: 35
Y: 27	Y: 100
K: 0	K: 0

C: 44	C: 60
M: 32	M: 60
Y: 30	Y: 80
K: 0	K: 12

C: 3	C: 60
M: 3	M: 80
Y: 3	Y: 75
K: 0	K: 38

该庭院景观设计，房屋呈现出极简的风格，造型简洁，呈简单的几何形态。宽阔平整的草坪与通往房屋的小路皆修整成矩形，空间布局合理，实用性较强。

色彩点评

- 灰白色的小径与白色的房屋，给人一种清晰、干净的视觉感受。
- 平整的草坪与树木使空间的气氛更加鲜活，并给人一种怡然自得的感受。
- 原木色的墙体与围栏在暖光的照射下更具温暖、质朴感。

CMYK: 68,50,89,9
CMYK: 3,3,3,0

推荐色彩搭配

C: 3	C: 80
M: 3	M: 75
Y: 3	Y: 68
K: 0	K: 44

C: 17	C: 66
M: 22	M: 52
Y: 24	Y: 78
K: 0	K: 8

C: 28	C: 17
M: 20	M: 55
Y: 14	Y: 73
K: 0	K: 0

该现代简约造型的建筑物，呈简单的几何形，线条流畅，充满理性与秩序感。庭院内植物景观较少，泳池及休息区空间宽阔，便于人员流动与活动。光滑的大理石地面与防腐木地面将休息区与活动区分开，空间布局划分合理。外围的高大树木使空间气氛更加鲜活。

色彩点评

- 白色的建筑造型简单，没有过多装饰物，给人一种干净、简洁的视觉感受。
- 青绿色的泳池反射出澄净的天空与青翠的树木，为环境增添了怡然、鲜活的气息。
- 青翠的树木与理性、简约的建筑形成鲜明对比，凸显出生命力的美。

CMYK: 55,44,40,0
CMYK: 3,3,3,0
CMYK: 66,50,93,7

推荐色彩搭配

C: 30	C: 6
M: 27	M: 4
Y: 35	Y: 6
K: 0	K: 0

C: 60	C: 60
M: 45	M: 25
Y: 40	Y: 0
K: 0	K: 0

C: 5	C: 55
M: 4	M: 40
Y: 5	Y: 78
K: 0	K: 0

泳池以左右对称的形式布局，充满平衡、稳定的美感。泳池周围的休息区空间宽阔，使用打磨后的天然石材对地面进行铺装，形成蜿蜒的小径，古朴、自然。植物景观的点缀平静、轻松。

色彩点评

- 浅青色的泳池清爽宜人，给人一种清新、冰凉的感觉。
- 灰色的地面造型简单，带有微妙的疏离感，现代气息浓厚。
- 苍翠的树木与草坪减弱了空间的空旷与冷感，使整个环境更加鲜活、生动。

CMYK: 22,15,15,0
CMYK: 52,12,28,0
CMYK: 5544,83,1

推荐色彩搭配

C: 44	C:
M: 33	M:
Y: 35	Y:
K: 0	K:

C: 6	C: 42
M: 9	M: 11
Y: 8	Y: 25
K: 0	K: 0

C: 25	C: 45
M: 25	M: 40
Y: 28	Y: 72
K: 0	K: 0

5

第5章
景观设计的类型

　　景观设计是将自然与人文相结合，对自然景观与人工景观进行规划设计。它的作用是协调人与自然间的平衡，达到美化环境，创造一个绿色、舒适、健康，具有可持续性的生态良性循环的生活空间的目的。在进行景观设计的过程中，既要注重设计的艺术性、美观性、整体性、实用性，也要考虑到自然资源的可持续利用和文化特色，充分展现出文化风貌和区域的自然景色。

5.1 大型规划景观设计

　　大型规划景观设计是将地形、气候、植被、交通、文化等要素整合，对土地进行合理利用的规划设计，即利用自然景观，建造出满足人们需求，符合区域特性的，自然、和谐、良性循环的综合性生态环境。在设计的过程中，应注意区域的整体规划，建造出高品质的生活空间。

5.1.1 旅游规划设计

　　旅游规划设计围绕着人与自然环境共生发展这一理念展开，在不破坏自然生态的基础之上进行合理、全面、协调的规划设计。旅游规划设计的主要目的是为旅游业服务，将人与自然两种要素作为一个整体加以考虑，在不违背生态环境性质的前提下，将旅游区内的自然景观与人工设施相结合，进行整体规划与设计，使旅游区景观的空间分布格局、形态、自然生态呈现出雄伟壮观的效果，实现旅游发展与环境保护的双重目标。

色彩调性：自然、秀丽、唯美、惬意、盎然、旖旎、独特、壮阔。

常用主题色：

CMYK: 42,63,100,2　　CMYK: 79,67,62,22　　CMYK: 84,36,100,1　　CMYK: 49,6,94,0　　CMYK: 11,5,4,0　　CMYK: 12,16,36,0

常用色彩搭配

CMYK: 80,56,58,8
CMYK: 64,7,80,0

CMYK: 62,7,20,0
CMYK: 34,8,88,0

CMYK: 82,78,57,26
CMYK: 61,38,70,0

CMYK: 44,31,15,0
CMYK: 24,35,55,0

同类色的搭配提升了环境的层次感和空间感，给人一种和谐、自然的视觉感受。

湖蓝色和柳黄色的对比较为鲜明、突出，使空间的气氛更为活跃、欢快。

深青色和深绿色明度较低，营造出肃穆、庄重的环境氛围。

蓝灰色和枯黄色，优雅古典，以之作为设计元素，可获得内敛、典雅的景观效果。

配色速查

静谧	深邃	清爽	悠远

CMYK: 31,29,27,0
CMYK: 55,63,81,12
CMYK: 59,28,91,0

CMYK: 58,31,25,0
CMYK: 85,47,61,3
CMYK: 58,66,63,10

CMYK: 66,37,98,0
CMYK: 14,10,2,0
CMYK: 82,43,40,0

CMYK: 80,58,76,21
CMYK: 36,46,66,0
CMYK: 25,5,8,0

该热带海滨度假区，生长着茂密高大的棕榈和其他独特的热带植物。蜿蜒曲折的海岸线和独特的热带植物构成了旖旎绮丽的热带海滨风光。陆域景观沿海岸线走势规划设计，将植物、水体等软质景观同休息区、公共设施等硬质景观结合，合理划分空间，构建出舒适、惬意、宜人的海滨风光。

色彩点评

- 自然、纯粹的海滨风光展现出原始、天然的大自然的色彩。墨绿的棕榈周围围绕着青翠鲜活的灌木草丛，空间内绿植景观层次分明、结构饱满，自然鲜活。
- 碧蓝清透的湖水同澄净的天空、湛蓝的海洋相映衬，整个空间充满自然、纯净、清凉的气息。
- 休息区的地面以灰白色的天然石材铺装，并设置有白色的公共设施，透露出浓厚的自然气息。

CMYK: 57,13,19,0
CMYK: 87,59,100,38
CMYK: 12,10,11,0

推荐色彩搭配

C: 41	C: 12
M: 31	M: 12
Y: 68	Y: 15
K: 0	K: 0

C: 45	C: 86
M: 26	M: 44
Y: 19	Y: 100
K: 0	K: 6

C: 43	C: 91
M: 35	M: 57
Y: 33	Y: 89
K: 0	K: 29

这是一处山地森林开发区的景观设计，茧状的玻璃温室是此处空间的视觉焦点。此处优越的自然条件孕育了丰富的森林、动植物，发达的河流资源和适宜的气候条件使区域内形成了良好的自然生态。规划开发将人工景观融入自然景观之中，在保护与合理利用自然资源的基础上，提供给人们惬意、舒适的观赏体验。回归自然，与自然互动，营造一种原始、自然、舒适的环境氛围。

色彩点评

- 区域内茂密苍翠的植物使空间呈现出鲜活、清新的绿色调，层次分明、结构饱满的植物景观带来自然、清爽的视觉效果。
- 白色的现代建筑与周围的绿植形成鲜明对比，简约、清爽。

CMYK: 76,56,96,24
CMYK: 7,3,1,0

推荐色彩搭配

C: 60	C: 69
M: 84	M: 57
Y: 81	Y: 98
K: 44	K: 20

C: 50	C: 84
M: 25	M: 44
Y: 87	Y: 76
K: 0	K: 4

C: 54	C: 44
M: 59	M: 7
Y: 69	Y: 65
K: 5	K: 0

这是一处旅游度假村的景观设计。区域内建造有造型独特的观光建筑，顶层设有休闲活动区，使游客在享受开阔视野、观赏风光的同时可以锻炼、运动，既能放松心情，又可以锻炼身体。周围茂盛的树木、草丛可以起到净化空气、调节环境质量的作用，营造出鲜活、宜人、惬意的环境氛围。

色彩点评

- 茂密的植物使环境的气氛更为鲜活，空间中流淌着鲜活、自然、纯粹的气息。
- 白色的观光建筑以绿色、橙色、红色作为点缀色，亮丽的色彩与别致的造型易于吸引观光者的视线，并与周围植物形成鲜明对比，便于寻找。
- 棕色的房屋与地面相映衬，营造出沉静、稳健的环境氛围，给人一种安全、亲近、舒心的心理感受。

CMYK: 71,42,100,2
CMYK: 9,7,7,0
CMYK: 37,38,64,0
CMYK: 62,73,91,38

推荐色彩搭配

C: 86　C: 42
M: 48　M: 29
Y: 49　Y: 29
K: 1　 K: 0

C: 74　C: 53
M: 56　M: 51
Y: 74　Y: 45
K: 15　K: 0

C: 57　C: 40
M: 31　M: 43
Y: 16　Y: 41
K: 0　 K: 0

该山地旅游开发区景观设计，山腰处设置有造型独特的人工景观，弯曲的桥梁被手掌托举，伫立其上，带来刺激、惊险、新鲜的体验感。在黄昏时分站在桥上，山间风景一览无余，欣赏朦胧的天空云霞，如同置身仙境一般。

色彩点评

- 茂密的植物为环境增添了鲜活、自然的气息，营造出鲜活、自然、惬意的环境氛围。
- 别致、独特的灰色手掌石刻上零散分布着绿藻，增添了古朴、陈旧的韵味，与周围环境更加协调、和谐。
- 桥面铺装有原木色的木材，与周边土地、树干颜色相近，获得了和谐、舒适、自然的视觉效果。

CMYK: 80,62,78,31
CMYK: 17,13,13,0
CMYK: 47,52,50,0

推荐色彩搭配

C: 28　C: 61
M: 33　M: 44
Y: 47　Y: 100
K: 0　 K: 2

C: 90　C: 64
M: 61　M: 61
Y: 56　Y: 65
K: 11　K: 11

C: 82　C: 62
M: 39　M: 38
Y: 46　Y: 88
K: 0　 K: 0

5.1.2 城市规划设计

随着社会经济的发展，人类居住环境的不断改善，城市规划设计的观念也在不断更新。现代城市规划以可持续协调发展，保护资源，寻求社会与自然环境之间的平衡为方向指导城市空间建设。从城市全局出发，科学合理地安排建筑、交通、绿化、公共设施、文化设施、居住环境、娱乐场所等各个区域，可以实现人与环境的和谐共处。

色彩调性： 协调、绿色、宜人、惬意、干净、简洁、平衡、理性。

常用主题色：

CMYK：25,18,17,0　CMYK：84,50,22,0　CMYK：64,7,80,0　CMYK：3,2,2,0　CMYK：87,45,89,7　CMYK：44,52,64,0

常用色彩搭配

CMYK：62,87,88,53
CMYK：44,6,90,0

嫩绿色搭配深棕色，明度对比强烈，使绿色更加鲜明，营造出鲜活的空间氛围。

CMYK：87,45,89,7
CMYK：27,24,27,0

柔和的浅卡其色搭配深绿色，获得了自然、温馨的景观效果。

CMYK：84,50,22,0
CMYK：3,2,2,0

深蓝色和白色使空间景观呈冷色调，提升了环境的悠远、宽阔、宁静之感。

CMYK：12,16,36,0
CMYK：62,7,20,0

对比色的搭配提升了空间的反差感，使景观更加夺目。

配色速查

沉静	内敛	古朴	雅致

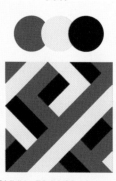 

CMYK：70,35,37,0　　CMYK：72,58,45,1　　CMYK：76,51,93,13　　CMYK：11,9,10,0
CMYK：49,45,30,0　　CMYK：41,36,37,0　　CMYK：15,9,7,0　　CMYK：69,59,36,0
CMYK：61,21,87,0　　CMYK：71,62,86,29　　CMYK：92,84,62,41　　CMYK：82,35,99,0

这是一处城市住宅区内濒水花园的景观设计。花园四面环水、空气宜人，生态环境良好，美观、丰富、鲜活的水体景观和植物景观营造出鲜活、灵动的环境。花园内设置有完善的公共设施和装饰小品，既装饰了空间，又满足了居民的需求。人造景观与自然景观的结合，和谐、舒适、惬意。

色彩点评

- 空间种植有大面积的植物，青翠、自然的绿植景观增强了环境鲜活、清新的气氛。
- 碧蓝的泳池和白色的活动区域与周围层次分明的植物景观形成鲜明对比，空间布局划分合理，在清新、自然的环境中活动、休息，可以更好地提升居民的幸福感。
- 活动区域内装点有红色的设施小品，在大面积的绿植衬托下更加引人注目，而且丰富了空间的色彩，打造出自然、健康且不失活泼的濒水景观。

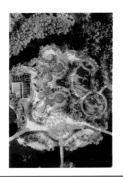

CMYK: 49,24,75,0
CMYK: 13,11,16,0
CMYK: 55,0,19,0
CMYK: 86,67,64,27

推荐色彩搭配

C: 77　C: 58
M: 39　M: 45
Y: 8　　Y: 100
K: 0　　K: 2

C: 31　C: 69
M: 24　M: 38
Y: 23　Y: 44
K: 0　　K: 0

C: 84　C: 68
M: 44　M: 52
Y: 76　Y: 75
K: 4　　K: 9

这是一座濒河城市的河岸景观设计，由于其临近水源，拥有丰富的水资源，自然条件优越。针对岸边空间进行合理的划分，宽阔的活动空间便于市民休闲、休憩、娱乐；规整有序的草坪与树木使空间饱满而不凌乱，塑造出鲜活、自然、绿色的自然生态景观。岸边空气湿润清新，市民在出行时可以享受温润的空气和轻柔凉爽的微风，带来惬意、舒适的感受。

色彩点评

- 棕色的高大建筑与青翠鲜活的绿植搭配，营造出贴合自然的视觉效果。
- 区域内地面以灰色的天然石材铺装，简单、柔和的灰营造出简约、雅致、安静的环境氛围。
- 幽蓝的河水同青翠的植物打造出协调、灵动、充满活力的濒河生态景观。

CMYK: 61,74,91,38
CMYK: 91,81,51,17
CMYK: 23,17,17,0
CMYK: 69,51,100,11

推荐色彩搭配

C: 26　C: 32
M: 22　M: 3
Y: 22　Y: 13
K: 0　　K: 0

C: 90　C: 57
M: 60　M: 13
Y: 62　Y: 100
K: 17　K: 0

C: 32　C: 65
M: 32　M: 36
Y: 43　Y: 100
K: 0　　K: 0

该河流区域景观设计，弯曲的桥梁连接河流两侧，为市民的生活提供了便利。河畔陆地上生长着茂密的植物，丰富、鲜活的植物景观将建筑围合，时尚的现代都市建筑与植物组合，构建出惬意、舒适、温馨的生活空间，营造出清新、宜人、惬意的城市濒水景观效果。

色彩点评

- 河流两侧的绿植层次丰富，结构饱满，青翠的植物与实木色道路营造出贴近自然的舒适、和谐的环境氛围。
- 白色的建筑在灯光的照射下，呈现出温馨、干净的视觉效果，构建出舒适、宜人的生活空间。
- 蜿蜒的幽蓝河流与两岸的绿植形成和谐、自然、协调的空间氛围，塑造出自然、充满生命力的濒河景观效果。

CMYK: 75,56,100,22
CMYK: 52,68,82,13
CMYK: 4,3,3,0
CMYK: 83,73,55,19

推荐色彩搭配

C: 47	C: 63
M: 5	M: 12
Y: 86	Y: 27
K: 0	K: 0

C: 82	C: 79
M: 73	M: 48
Y: 41	Y: 74
K: 3	K: 7

C: 47	C: 40
M: 55	M: 32
Y: 56	Y: 32
K: 0	K: 0

该城市住宅区景观设计，有序的建筑周围围绕着苍翠鲜活的植物，空间结构饱满，充满自然、鲜活的气息。道路呈柔和的曲线形态，弯曲的线条提升了空间的流动性，营造出柔和、温馨的空间氛围。空间内建筑、植物与道路有序、协调的规划设计，为居民带来舒适、愉悦、惬意的生活体验。

色彩点评

- 蓝色的屋顶与白色的墙面呈现出干净、简洁、清爽的视觉效果，使建筑更添优雅、别致的格调，营造出简约、清爽、惬意的生活氛围。
- 空间内生长着大量鲜活青翠的植物，层次丰富、结构饱满的植物使空间氛围更加鲜活、生动。
- 柔和的黄色灯光下，棕色的道路呈现出温馨、自然、质朴的视觉效果，与周围鲜活的绿植景观相结合，构建出贴近自然、惬意、温馨的生活空间。

CMYK: 74,51,18,0
CMYK: 0,0,0,10
CMYK: 64,78,76,40
CMYK: 79,61,100,38

推荐色彩搭配

C: 62	C: 81
M: 43	M: 48
Y: 28	Y: 98
K: 0	K: 11

C: 59	C: 56
M: 34	M: 20
Y: 100	Y: 56
K: 0	K: 0

C: 48	C: 84
M: 5	M: 44
Y: 13	Y: 76
K: 0	K: 4

5.1.3 乡村规划设计

在乡村规划建设中，要注重保护村庄景观的原有风貌和格局，要体现古朴、自然、具有鲜明特色的村庄环境。对山、水、绿地、村庄各项要素加以规划、设计，挖掘地方特色，融合当地文化，既做到了对自然景观的保护与利用，又实现了乡村的发展。科学合理的规划设计可以起到美化视觉环境、净化空气、充分展现自然风光的作用。

色彩调性： 祥和、雅致、无垠、和煦、开阔、清新、明媚、葱郁。

常用主题色：

CMYK: 37,4,65,0　CMYK: 87,45,89,7　CMYK: 51,7,80,0　CMYK: 54,79,95,29　CMYK: 63,7,13,0　CMYK: 79,67,62,22

常用色彩搭配

CMYK: 34,8,88,0
CMYK: 72,29,65,0

同类色的搭配使空间内的景观更加和谐、自然、协调，打造出宜人、生机勃勃的植物景观效果。

CMYK: 61,38,70,0
CMYK: 49,5,16,0

竹青色和蔚蓝色搭配，营造出贴近自然、惬意的空间氛围。

CMYK: 79,67,62,22
CMYK: 31,44,81,0

深青色和昏黄色两种颜色明度较低，具有沉稳、幽静的景观效果。

CMYK: 12,16,36,0
CMYK: 49,6,95,0

米黄色与浅绿色呈现出朝气蓬勃的视觉效果，给人一种明快、清新的感受。

配色速查

绮丽	旷野	幽深	庄重

 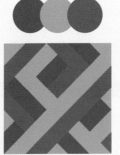 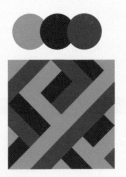

CMYK: 69,47,98,6　　CMYK: 46,53,68,0　　CMYK: 76,67,41,2　　CMYK: 47,41,42,0
CMYK: 52,25,71,0　　CMYK: 24,20,20,0　　CMYK: 53,26,20,0　　CMYK: 56,80,89,32
CMYK: 36,46,8,0　　CMYK: 68,41,70,1　　CMYK: 69,52,100,11　CMYK: 79,55,100,23

　　该乡村旅馆景观设计，别致、小巧的小屋坐落在层峦叠翠的山间，周围绿植丰富、环境充实饱满，充满鲜活、生动的气息。屋外摆放有不经雕琢的山石，同道路铺装的青砖相结合，还原出真实、质朴、自然的山野风貌。为旅人提供一处舒适、安闲、天然的休息空间和广袤的视野，与自然亲密接触，感受鲜活的生命气息。

色彩点评

- ■ 空间内大量青翠鲜活的植物为空间注入了生命的气息，营造出鲜活、自然、纯粹的山间环境氛围。
- ■ 深灰色的屋顶与路面色彩偏暗，视觉冲击力较弱，亲切、柔和，与周围静谧、宁静的空间氛围相协调。
- ■ 屋外的灰色山石上生长着大量青翠的藤蔓植物、苔藓，并散落着干枯的树枝、树叶，反映出真实的自然界发展规律，更加贴近自然，塑造出真实、自然的山野景观。

CMYK: 75,57,95,24
CMYK: 62,53,49,0

推荐色彩搭配

C: 62	C: 39
M: 77	M: 27
Y: 99	Y: 21
K: 44	K: 0

C: 50	C: 81
M: 21	M: 58
Y: 22	Y: 96
K: 0	K: 31

C: 29	C: 92
M: 23	M: 64
Y: 34	Y: 92
K: 0	K: 47

　　这是一处乡村建筑的景观设计。在一定场地内建造房屋，房屋呈简单的几何形态，造型简单，易于辨识。建筑周围树木茂盛，丰富了空间的景观效果。房屋不远处广阔的湖泊与葱郁的树林使此处空间更加静谧、清幽，人们生活在此处可以享受到清新的空气与广袤的视野，陶冶心情。

色彩点评

- ■ 白色的房屋呈现出纯净、简单的视觉效果，在周围大量绿植景观的映衬下，极具辨识性。
- ■ 空间内生长着大面积茂盛葱郁的植物，为空间注入了鲜活生动的气息，营造出鲜活、自然的环境氛围。
- ■ 碧绿的湖水与周围苍翠的树木相映衬，打造出自然、生动的濒水生态景观，充分展现出乡村的自然风光。

CMYK: 79,66,81,41
CMYK: 3,2,2,0
CMYK: 73,64,50,5

推荐色彩搭配

C: 70	C: 66
M: 50	M: 34
Y: 27	Y: 76
K: 0	K: 0

C: 53	C: 71
M: 62	M: 47
Y: 56	Y: 100
K: 2	K: 6

C: 81	C: 34
M: 39	M: 1
Y: 29	Y: 82
K: 0	K: 0

　　居住环境的不断改善使人们更加注重居住区周边的环境景观建设，美观、生动、绿色的景观设计有利于构建和谐、自然、平衡、舒适的生活空间，营造温馨、高雅、健康的居住氛围。完善的公共设施、合理的空间布局与良好的文化氛围可以使居民享受到舒适、便捷的居住环境。居住环境的景观构成要素包括植物、道路、小品、水景等，在进行设计的过程中要考虑到与整个居住区的风格保持统一。

5.2.1 濒水生态

水的流动性赋予了它动态的美感，水景的设置可以为周围空间注入生命的气息，营造出轻松、自然、愉悦、充满活力的空间氛围。常见的水景包括自然水景、泳池水景、庭院水景和装饰水景。在进行景观设计时，应注重与居住区的环境、氛围相协调，在充分把握整体主题的基础之上，精心塑造出灵活自然、充满活力的濒水生态景观。

色彩调性： 生机、灵动、鲜活、清爽、雅致、清凉、宜人、惬意。

常用主题色：

CMYK：49,5,16,0　CMYK：6,4,4,0　CMYK：31,24,23,0　CMYK：49,6,95,0　CMYK：84,36,100,1　CMYK：54,73,100,23

常用色彩搭配

CMYK：81,50,56,3
CMYK：24,35,55,0

黛绿色与枯黄组合，色彩明度较低，古朴、素雅。

CMYK：63,7,13,0
CMYK：21,16,15,0

蓝色与灰色搭配，清凉、雅致。

CMYK：48,7,84,0
CMYK：66,36,86,0

两种不同明度的绿色提升了环境的层次感，形成自然、鲜活、苍翠的自然景观效果。

CMYK：77,62,52,7
CMYK：18,15,14,0

墨色与浅灰搭配在一起，呈现出肃穆、宁静的景观效果。

配色速查

内敛

CMYK：55,37,27,0
CMYK：44,38,36,0
CMYK：51,26,76,0

鲜活

CMYK：5,5,5,0
CMYK：37,2,75,0
CMYK：98,87,46,12

恬静

CMYK：57,18,25,0
CMYK：58,10,93,0
CMYK：33,27,20,0

古典

CMYK：92,69,56,17
CMYK：62,67,68,17
CMYK：22,17,13,0

这是一处城市住宅区室外泳池的景观设计，层次分明的大面积植物使此处空间充满鲜活的生命气息。泳池、道路与休息区界限分明，整体空间布局简洁大气，线条弧度流畅，呈现出柔和、优雅的视觉效果。地面铺装的石材保留了自然的色彩与肌理，打造出贴近自然、温馨的生活空间。泳池作为此处空间的视线焦点，为整个环境增添了灵动、自然的气息，更好地塑造出鲜活、生动的濒水景观效果。

色彩点评

- 碧蓝清透的池水与湛蓝的天空相映衬，呈现出纯净、大气的视觉效果，营造出自然、纯净、宜人的环境氛围。
- 大面积的植物景观苍翠葱郁、层次分明，为空间注入生命的气息。
- 米白的路面与建筑相呼应，色彩简单、明亮，营造出宁静、柔和、温馨的居住氛围，使居民的心情更加愉悦、平和。

CMYK: 63,26,20,0
CMYK: 7,7,7,0
CMYK: 73,49,100,9

推荐色彩搭配

C: 68	C: 29	C: 66	C: 60	C: 53	C. 26
M: 23	M: 37	M: 37	M: 71	M: 16	M: 27
Y: 40	Y: 55	Y: 93	Y: 94	Y: 60	Y: 21
K: 0	K: 0	K: 0	K: 32	K: 0	K: 0

这是一别墅庭院内濒水生态区域的景观设计。池边分散着层次丰富、圆润光滑的山石，提升了空间的层次感。山石表面肌理自然，与生长其上的苍翠植物相结合，营造出贴合自然的环境氛围。流水经过山石流入池中，与水池中游动的锦鲤一同为空间增添了流动感与生命的气息。

色彩点评

- 碧绿清透的池水与周围苍翠的绿植相映衬，使空间充满生机与活力。
- 层次丰富的山石呈浅黄色，在流水的冲刷下显现出更加暗淡的色彩，获得贴合自然的视觉效果，营造出纯朴、自然、清幽的环境氛围。
- 建筑以白色与黑色为主要颜色，格调简洁、大方、纯净，构建出简单、优雅、干净的居住空间。

CMYK: 82,77,72,51
CMYK: 0,2,3,0
CMYK: 78,62,93,36
CMYK: 7,15,29,0

推荐色彩搭配

C: 85	C: 38	C: 28	C: 56	C: 64	C: 50
M: 60	M: 23	M: 25	M: 54	M: 28	M: 22
Y: 100	Y: 88	Y: 37	Y: 53	Y: 33	Y: 97
K: 38	K: 0	K: 0	K: 1	K: 0	K: 0

5.2.2　小区植物

　　植物是居住区景观设计的基本构成要素，是衡量居住区生态环境、生活质量的重要参考元素。出色的景观设计往往注重植物的层次结构，使空间布局饱满而不繁杂，营造出温馨、自然、灵动的环境氛围，为人们提供一种清爽、鲜活的生活空间。

色彩调性：葱郁、生机、自然、鲜活、明媚、宜人、清新。

常用主题色：

CMYK: 61,38,70,0　CMYK: 68,7,99,0　CMYK: 23,17,17,0　CMYK: 81,79,77,59　CMYK: 48,73,83,11　CMYK: 49,6,94,0

常用色彩搭配

CMYK: 15,30,81,0
CMYK: 34,8,88,0

两种颜色色相相近，对比较弱，获得统一、和谐、自然的视觉效果。

CMYK: 20,60,76,0
CMYK: 84,36,100,1

橘色与墨绿色之间的鲜明对比，活跃了空间的气氛，营造出鲜活、欢快的环境氛围。

CMYK: 36,53,0,0
CMYK: 62,44,43,0

紫色与深灰色搭配，呈现出浪漫、典雅的景观效果。

CMYK: 54,59,87,8
CMYK: 75,8,100,0

咖色与绿色搭配，给人一种古典、质朴的感觉。

配色速查

葱郁	柔和	清幽	安适
	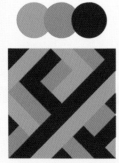		

CMYK: 44,53,58,0　　CMYK: 33,41,0,0　　CMYK: 65,9,37,0　　CMYK: 8,0,14,0
CMYK: 82,57,99,29　CMYK: 18,14,13,0　CMYK: 66,24,93,0　CMYK: 82,36,100,1
CMYK: 66,30,99,0　　CMYK: 33,15,47,0　CMYK: 80,66,100,49　CMYK: 45,31,25,0

这是一处小区内建筑之间的景观设计，通过鲜活青翠、物种丰富的植物来充实空间，在狭小的空间内打造出自然生趣的小型城市花园景观。地面采用大量的色彩丰富的鹅卵石与石阶进行铺装设计，使石阶呈现出自然的弧度，打造自然、原始的景观效果，营造出温馨、闲适、宁静的居住环境氛围。

色彩点评

■ 空间以白色的建筑和浅米色的墙面作底色，在青翠鲜活、层次分明的绿植景观的点缀下，营造出温馨、健康、舒适的环境氛围。

■ 大量的植物为空间注入了鲜活、生动的气息，使此处空间的氛围更加富有生命力。

■ 灰色的石阶与雕塑小品装饰了此处空间，提升了植物景观的观赏性，硬质景观与软质景观的协调搭配打造出平稳、和谐、自然的景观效果。

CMYK: 55,26,96,0
CMYK: 4,7,29,0
CMYK: 5,5,5,0
CMYK: 53,45,47,0

推荐色彩搭配

C: 67　C: 22
M: 39　M: 11
Y: 90　Y: 11
K: 1　K: 0

C: 51　C: 25
M: 8　M: 32
Y: 92　Y: 41
K: 0　K: 0

C: 41　C: 83
M: 16　M: 53
Y: 98　Y: 90
K: 0　K: 20

这是小区一角的植物景观设计，空间内植物结构饱满、物种丰富，使环境充满鲜活、生动、自然的气息。空间内的植物虽然种类繁多，但修剪得平整有序，不显杂乱，规整的草坪呈现出理性、简约、充满秩序感的景观效果；大小不一的圆球状绿植层次分明，提升了植物景观的观赏性。植物与路面界限分明，和谐、有序、协调。

色彩点评

■ 空间的植物种类丰富，色彩层次分明，提升了植物景观的观赏性，呈现出唯美、自然、和谐的植物景观效果。

■ 地面采用灰色的石材进行铺装，造型简单，提升了此处环境的空间感，为居民的出行提供了充足的空间。

CMYK: 69,26,95,0
CMYK: 26,19,18,0

推荐色彩搭配

C: 57　C: 58
M: 17　M: 57
Y: 76　Y: 49
K: 0　K: 0

C: 52　C: 68
M: 93　M: 51
Y: 89　Y: 100
K: 31　K: 10

C: 51　C: 55
M: 34　M: 26
Y: 46　Y: 94
K: 0　K: 0

5.2.3 景观配饰小品

　　小品作为居住区硬质景观中的重要景观设施，具有便于居民使用、供人休息，装饰、点缀环境的作用。具体可分为雕塑小品、园艺小品和设施小品；雕塑小品与园艺小品以装饰功能为主，是居住区景观中具有艺术性与美观性的设施，灵动、有趣的小品通常会成为居住区的标识性特色。设施小品则是居住区内设置的、供居民使用的小型公共设施，如休息座椅、照明灯具、电话亭、公告栏等，以实用功能为主。

色彩调性： 精巧、灵动、生趣、愉悦、和谐、放松、舒适。

常用主题色：

CMYK: 11,8,8,0　CMYK: 78,84,86,70　CMYK: 12,7,76,0　CMYK: 1,1,1,0　CMYK: 38,52,89,0　CMYK: 33,98,82,1

常用色彩搭配

CMYK: 48,73,83,11
CMYK: 15,30,81,0

棕色搭配橘黄色，暖色调的搭配给人一种温馨、舒适、亲切的感觉。

CMYK: 20,17,15,0
CMYK: 92,87,88,79

黑色与灰色搭配，可以营造出庄重、宁静的环境氛围。

CMYK: 33,98,82,1
CMYK: 44,6,90,0

桃红色与嫩绿色对比鲜明，视觉冲击力极强，丰富了空间的色彩，营造出活泼、生动、鲜活的环境氛围。

CMYK: 12,16,36,0
CMYK: 1,1,1,0

白色与米色搭配，呈现出柔和、内敛、舒适的视觉效果。

配色速查

庄重	大气	鲜活	清新

CMYK: 64,53,51,1
CMYK: 92,88,53,26
CMYK: 83,50,100,15

CMYK: 61,26,92,0
CMYK: 7,6,4,0
CMYK: 82,77,74,55

CMYK: 9,0,73,0
CMYK: 82,77,74,55
CMYK: 60,29,20,0

CMYK: 67,47,34,0
CMYK: 7,4,10,0
CMYK: 11,37,0,0

这是一处住宅区域台阶处的景观设计，在台阶中央放置了数个兔子造型的金属小品作为装饰。装饰小品造型可爱、小巧精致、形象生动，装饰了此处空间，提升了空间景观的观赏性，为此处静谧、平和的空间注入了活跃、生动的气息，营造出灵动、生趣、温馨的环境氛围。

色彩点评

- 地面以深灰色的天然石材铺装，保留了自然的肌理与色彩，呈现出古朴、自然的视觉效果。
- 墙壁上生长的深绿色青苔与此处幽静、古朴的环境氛围相适应。
- 灰白色的金属小品与石阶的颜色色彩层次分明，呈现出和谐、柔和的视觉效果，营造出舒适、自然的环境氛围。

CMYK: 76,62,84,32
CMYK: 27,24,25,0
CMYK: 10,7,4,0

推荐色彩搭配

C: 25　C: 78
M: 13　M: 59
Y: 5　　Y: 99
K: 0　　K: 30

C: 37　C: 58
M: 11　M: 72
Y: 72　Y: 87
K: 0　　K: 27

C: 18　C: 0
M: 13　M: 0
Y: 13　Y: 0
K: 0　　K: 100

这是一处住宅区域内休息区的景观设计，地面铺装的天然木材，保留了原始的色彩与肌理，呈现出天然、质朴、柔和的视觉效果。在区域内设置鹅卵石样式的小品，供人休息的同时可起到装饰空间的作用。营造出温馨、有趣、活跃的环境氛围，为居民提供了一个舒适、和谐、有趣的生活空间。

色彩点评

- 地面的木材保留了自然的原木色，呈现出古朴、自然的视觉效果，营造出自然、质朴的环境氛围。
- 黑色的设施小品使此处环境的气氛更为宁静、稳定，为人们提供了一个平稳、安全的休息空间。

CMYK: 52,66,72,8
CMYK: 15,8,8,0
CMYK: 86,79,84,68

推荐色彩搭配

C: 11　C: 57
M: 8　　M: 78
Y: 1　　Y: 81
K: 0　　K: 30

C: 26　C: 42
M: 69　M: 28
Y: 22　Y: 23
K: 0　　K: 0

C: 21　C: 85
M: 37　M: 68
Y: 70　Y: 76
K: 0　　K: 43

5.2.4　庭院花园景观

庭院花园，以植物为美。在一方静谧的空间内休息、聚会，欣赏绿色、自然、明亮的景观可以使人心情更加愉悦、轻松。植物是庭院花园景观重要的构成要素，在规划空间布局时，需要根据花园的面积与风格选择合适种类的植物，对植物的色彩搭配、所占面积、层次、位置进行合理布置。通过层次分明、结构饱满、错落有致的植物景观获得赏心悦目的视觉效果。

色彩调性： 清爽、自然、雅致、柔和、惬意、唯美、浪漫。

常用主题色：

CMYK: 49,6,95,0　CMYK: 87,45,89,7　CMYK: 4,42,29,0　CMYK: 30,42,4,0　CMYK: 27,24,27,0　CMYK: 62,87,88,53

常用色彩搭配

CMYK: 48,7,84,0
CMYK: 80,56,58,8

CMYK: 27,39,0,0
CMYK: 57,24,94,0

CMYK: 87,45,89,7
CMYK: 41,6,7,0

CMYK: 27,24,27,0
CMYK: 63,6,48,0

同类色搭配给人一种协调、自然的视觉感受，丰富了空间的层次。

丁香色与草绿色搭配，清新、唯美，呈现出浪漫、雅致的视觉效果。

深绿色搭配淡蓝色，呈现出贴近自然、清爽、怡人的景观效果。

灰色与青绿色搭配，呈现出柔和、鲜活、清爽的景观效果。

配色速查

淡雅	朴素	茂盛	静谧

CMYK: 23,38,0,0
CMYK: 15,9,4,0
CMYK: 76,27,71,0

CMYK: 41,39,24,0
CMYK: 24,5,56,0
CMYK: 61,23,96,0

CMYK: 45,25,50,0
CMYK: 77,42,100,3
CMYK: 11,8,8,0

CMYK: 66,30,99,0
CMYK: 71,63,61,13
CMYK: 17,12,11,0

这是一座庄园内花园的景观设计，人工搭建的木屋精美、小巧，呈现出别致、精美的视觉效果。花园中生长着大面积的植物、花卉，种类繁多，色彩丰富，塑造出自然、优美、鲜活的植物景观。地面铺装的天然石阶与鹅卵石景观提升了花园的观赏性。空间中硬质景观与软质景观的完美结合，营造出自然、鲜活、灵动的环境氛围，置身其中，可以使人心绪更加宁静。

色彩点评

- 大面积的植物、花卉色彩鲜艳，青翠鲜活，为花园注入了鲜活、灵动的气息，提升了空间的美感。
- 青色的木屋融入周围的绿植景观，在此处休憩，可以感受到清新、自然、纯净的气氛。
- 灰色的石阶与鹅卵石景观和青翠的植物形成鲜明的对比，呈现出简洁、大方的风格，更好地点缀了此处的植物景观。

CMYK: 47,17,33,0
CMYK: 24,26,13,0
CMYK: 58,31,93,0

推荐色彩搭配

C: 43　C: 62
M: 46　M: 26
Y: 49　Y: 99
K: 0　　K: 0

C: 14　C: 71
M: 9　　M: 41
Y: 17　Y: 100
K: 0　　K: 2

C: 33　C: 63
M: 13　M: 18
Y: 11　Y: 95
K: 0　　K: 0

这是一座庭院内休息亭的景观设计，露天的设计在休息时可以沐浴在温暖的阳光中，享受惬意、悠闲的午后时光。休息亭以天然的石材进行搭建，在周围鲜活的绿植的映衬下，营造出灵动、生趣、温馨的环境氛围。庭院内植物青翠鲜活，结构饱满，为人们提供了一个静谧、安心、舒适的休息空间。

色彩点评

- 庭院中植物品类丰富、青翠自然，整个空间充满鲜活、天然、清爽的气氛。
- 休息亭以大量的灰色石材搭建而成，灰色质朴、稳重，营造出安静、平和的空间氛围，构建了一处天然、安全、惬意的休息空间。

CMYK: 21,16,15,0
CMYK: 80,53,100,21

推荐色彩搭配

C: 68　C: 33
M: 29　M: 35
Y: 94　Y: 3
K: 0　　K: 0

C: 39　C: 18
M: 47　M: 13
Y: 55　Y: 11
K: 0　　K: 0

C: 9　　C: 33
M: 3　　M: 8
Y: 4　　Y: 72
K: 0　　K: 0

5.3 市政景观设计

    市政景观设计是为满足城市发展需求，而对城市进行合理的规划设计，包括城市道路景观设计、景观工程、广场设计、河渠、堤岸等濒水景观设计在内的一系列景观设计。在设计时，要着重考虑到不同场所的性质；如广场设计，要注重满足城市居民的休闲、娱乐、健身等需求，道路景观设计要将出行、绿化、文化、生态等要素结合，充分展现城市的景观风貌；濒水景观要将人工建设与自然景观相结合，在保护生态环境的基础上，合理利用自然景观创造美好的公共环境。

5.3.1 广场设计

广场是一个城市最重要的公共空间之一，既可以满足市民交往、娱乐、休闲、集会、活动的需求，又可反映出城市的风貌、文化内涵、历史积淀以及景观特色。在设计的过程中不能一味地追求时尚、美观的视觉效果，更应注重满足人们的社会生活需求，通过科学合理的设计布局强化空间的可识别性，提升广场的景观效果，打造出舒适、健康、轻松、和谐的公共空间。

色彩调性： 舒适、和谐、稳固、惬意、安逸、温馨、宜人。

常用主题色：

CMYK：79,67,62,22　CMYK：23,17,17,0　CMYK：19,47,77,0　CMYK：72,29,65,0　CMYK：37,4,65,0　CMYK：1,1,1,0

常用色彩搭配

CMYK：81,70,52,12
CMYK：21,16,15,0

藏蓝色与灰色搭配，营造出宁静、质朴、沉稳的空间氛围。

CMYK：23,17,17,0
CMYK：7,9,15,0

米色和灰色搭配，给人一种柔和、内敛、自然的视觉感受。

CMYK：19,47,77,0
CMYK：36,28,26,0

橘黄色搭配灰色，使空间景观呈暖色调，打造出温馨、温暖、舒适的广场景观。

CMYK：76,65,58,15
CMYK：61,31,100,0

深灰色搭配草绿色，明度较低的两种颜色营造出幽静、深邃的环境氛围。

配色速查

活跃

CMYK：57,41,42,0
CMYK：23,73,54,0
CMYK：43,18,99,0

柔和

CMYK：5,5,6,0
CMYK：32,7,58,0
CMYK：22,37,32,0

安逸

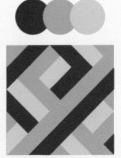

CMYK：66,67,76,27
CMYK：28,35,39,0
CMYK：20,20,22,0

清凉

CMYK：60,17,29,0
CMYK：81,45,24,0
CMYK：7,8,16,0

这是一座城市内儿童娱乐广场的景观设计，大量运用有趣的图案元素，通过丰富的色彩和充满趣味的图案打造富有视觉冲击力和活跃性的娱乐广场空间，为儿童与家长提供一处适宜、有趣的活动空间。空间内植物景观布局合理，与人工设施和谐结合，打造出温馨、活跃、舒适的广场景观效果。

色彩点评

- 层次分明、青翠鲜活的植物景观为空间注入了鲜活、生动的生命气息。
- 广场地面上生动有趣、色彩丰富的图案使广场的气氛更加活跃，提升了空间的视觉吸引力，营造出灵动、活跃、充满趣味性的娱乐空间。

CMYK: 56,32,93,0
CMYK: 53,19,9,0
CMYK: 51,47,45,0
CMYK: 17,0,41,0

推荐色彩搭配

C: 67	C: 12	C: 59	C: 62	C: 18	C: 81
M: 65	M: 27	M: 38	M: 46	M: 14	M: 37
Y: 70	Y: 72	Y: 93	Y: 30	Y: 12	Y: 100
K: 21	K: 0	K: 0	K: 0	K: 0	K: 1

这是一座广场内休息区域的景观设计，呈现出温馨、柔和、安适的视觉效果。广场空间广阔，简约的地面铺装点明了广场简洁、大方的主题，与周围高大的建筑相映衬，打造出简约、清晰、质朴的空间氛围。造型独特的座椅为居民提供了一处舒适、惬意的休息区域，带来惬意、美妙的生活体验。

色彩点评

- 灰色的地面与建筑相映衬，呈现出简约、大方的视觉效果，营造出广阔、舒适的空间氛围。
- 休息设施以米色与橙色作为主色，暖色调的设计给人一种温暖、温馨、柔和的感受。
- 广场中设置有少量的植物景观，为环境增添了鲜活、生动的气息。

CMYK: 3,33,38,0
CMYK: 7,9,7,0
CMYK: 63,24,24,0
CMYK: 54,31,75,0

推荐色彩搭配

C: 8	C: 76	C: 59	C: 41	C: 13	C: 79
M: 10	M: 29	M: 64	M: 33	M: 33	M: 75
Y: 17	Y: 20	Y: 58	Y: 31	Y: 35	Y: 64
K: 0	K: 0	K: 6	K: 0	K: 0	K: 34

5.3.2　濒水景观

濒水区兼具自然景观的天然、纯粹的美和人工景观的现代与艺术的美感，是城市公共空间的重要组成部分，对于城市景观的规划建设起到重要作用。通过对濒水景观的塑造，可以增强人类社会与自然环境的亲密性，从而构建一个生态良性循环、城市健康发展的空间格局。在进行设计时，应注重自然水景与人工设施的结构布局，塑造协调、舒适、自然、充满动感的濒水景观效果。

色彩调性：清凉、自然、和谐、平衡、宁静、惬意、悠闲。

常用主题色：

CMYK: 62,7,20,0　CMYK: 93,72,42,4　CMYK: 84,36,100,1　CMYK: 11,5,4,0　CMYK: 62,44,35,0　CMYK: 61,38,70,0

常用色彩搭配

CMYK: 84,67,55,14
CMYK: 23,17,17,0

苍黑色与灰色搭配，可以打造出充满理性、庄重的景观效果。

CMYK: 64,14,27,0
CMYK: 51,7,80,0

青蓝色搭配绿色，形成清新、清爽、惬意的濒水景观。

CMYK: 85,69,40,3
CMYK: 74,23,71,0

深蓝色和青绿色搭配，给人一种辽阔、悠远、生命的视觉感受。

CMYK: 12,16,36,0
CMYK: 49,5,16,0

米色与蔚蓝色搭配，营造出欢快、鲜活、灵动的空间氛围。

配色速查

幽深	鲜活	自然	沉稳

CMYK: 39,45,51,0	CMYK: 63,28,17,0	CMYK: 27,24,28,0	CMYK: 57,17,17,0
CMYK: 77,69,65,29	CMYK: 1,6,12,0	CMYK: 71,39,29,0	CMYK: 75,20,100,0
CMYK: 72,38,100,1	CMYK: 62,32,100,0	CMYK: 67,16,100,0	CMYK: 73,69,59,19

这是一处河岸的景观设计。河岸两旁生长着大面积的植物，层次分明、苍翠葱郁，为空间注入了生命的气息。潺潺的流水提升了空间的活跃性与流动性，营造出灵动、活跃、鲜活的环境氛围。狭长的河边小径为市民提供了一处舒适、惬意的出行空间。

色彩点评

- 空间中大面积生长的植物鲜活葱郁，层次分明、结构饱满，使环境气氛更加鲜活、充满生命力。
- 浅色的路面呈现出质朴、自然的视觉效果，与周围的植物景观相映衬，塑造出贴合自然、舒适、惬意的空间形象。

CMYK: 69,36,100,0
CMYK: 13,15,16,0

推荐色彩搭配

C: 83	C: 75	C: 31	C: 78	C: 77	C: 43
M: 44	M: 65	M: 34	M: 65	M: 54	M: 15
Y: 36	Y: 63	Y: 38	Y: 53	Y: 20	Y: 98
K: 0	K: 19	K: 0	K: 10	K: 0	K: 0

这是一处城市公园的濒水景观设计。广阔、宁静的公园远离城市中心，清新的空气与唯美、自然的景观为居民带来惬意、悠闲的休闲体验。碧蓝的湖水与蔚蓝的天空相映衬，呈现出广袤、悠远、宁静的视觉效果。葱郁青翠的植物层次分明，使此处空间更加饱满充实，营造出自然、灵动、鲜活的环境氛围。

色彩点评

- 碧蓝的湖泊是此处空间的焦点，呈现出宁静、雅致的景观效果，为居民带来惬意、悠远的视觉感受。
- 大面积的绿色景观为空间注入了鲜活、生动的气息，为居民提供了一处自然、静谧、宁静的休闲空间。

CMYK: 78,50,40,0
CMYK: 39,18,76,0

推荐色彩搭配

C: 60	C: 92	C: 52	C: 18	C: 67	C: 26
M: 13	M: 70	M: 14	M: 16	M: 39	M: 25
Y: 33	Y: 21	Y: 11	Y: 12	Y: 90	Y: 32
K: 0	K: 0	K: 0	K: 0	K: 1	K: 0

5.3.3 道路景观

道路景观设计首先要满足人们通行运输的需求，在此基础之上，结合地形、自然环境，对生态环境、自然景观、人文景观加以保护利用。在设计时，应综合考虑道路与地形、地貌、交通设施、道路照明、绿化、两侧建筑物、文化等要素的协调，确保道路的安全性与美观性。

色彩调性： 秩序、理性、简约、宁静、沉稳、朴素、开阔。

常用主题色：

CMYK: 27,24,27,0　CMYK: 62,44,43,0　CMYK: 56,5,47,0　CMYK: 74,8,97,0　CMYK: 24,35,55,0　CMYK: 44,31,15,0

常用色彩搭配

CMYK: 35,28,27,0
CMYK: 12,7,76,0

灰色与黄色搭配在一起，形成较强的视觉冲击力，具有震撼、惊奇的视觉效果。

CMYK: 62,44,43,0
CMYK: 1,1,1,0

灰色搭配白色，获得了理性、简约的道路景观效果。

CMYK: 36,38,38,0
CMYK: 4,11,17,0

浅驼色搭配米白色，既柔和又温馨、质朴，营造出和谐、舒适的环境氛围。

CMYK: 44,31,15,0
CMYK: 57,25,75,0

蓝灰色与草绿色搭配，获得了清爽、宁静的视觉效果。

配色速查

平和	悠远	惬意	沉静

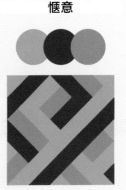 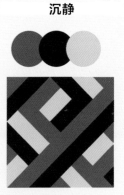

CMYK: 13,15,15,0
CMYK: 59,59,59,4
CMYK: 66,46,100,4

CMYK: 31,23,12,0
CMYK: 76,63,49,5
CMYK: 22,18,83,0

CMYK: 38,31,36,0
CMYK: 80,68,62,24
CMYK: 54,28,95,0

CMYK: 61,63,60,8
CMYK: 85,77,70,48
CMYK: 23,17,16,0

这是一座城市内休闲区域的道路景观设计。空间内以夸张的曲线元素进行设计，打造出具有立体效果的道路景观，为居民提供了一处充满趣味与视觉冲击性的空间。喷泉、植物、雕塑等景观穿插在曲线中，形成和谐、有趣的空间布局，营造出生趣、灵动、充满动感的环境氛围。

色彩点评

- 道路上白色的曲线与灰色的地面形成鲜明对比，在灰色的映衬下，白色线条更加醒目、突出，充满视觉冲击力。
- 青翠鲜活的植物景观使环境氛围更加鲜活、生动，充满生命力。

CMYK: 59,50,47,0
CMYK: 0,0,0,0
CMYK: 79,53,90,17

推荐色彩搭配

C: 27	C: 83
M: 31	M: 53
Y: 30	Y: 90
K: 0	K: 20

C: 49	C: 50
M: 51	M: 22
Y: 56	Y: 97
K: 0	K: 0

C: 47	C: 77
M: 36	M: 49
Y: 34	Y: 100
K: 0	K: 12

这是一处商业区域道路的景观设计。地面以天然石材与木材进行铺装设计，保留了天然的肌理与色彩，木质地面线条连贯，充满秩序感与韵律感。石阶采用不规则的排列方式，提升了空间的趣味性与设计感。水池底部采用大理石铺装，自然的纹理呈现出天然的美感，营造出古朴、优雅的环境氛围。水体景观与植物景观的设计，增强了空间的流动性与观赏性，打造出宁静、古典、雅致的办公环境。

色彩点评

- 地面铺装的天然木材保留了天然的原木色，古朴、自然，营造出古典、自然、温馨的景观效果。
- 水池底部的大理石呈现为青蓝色，营造出幽静、典雅的环境氛围。
- 少量植物景观的点缀，为此处宁静、沉寂的环境注入了鲜活的气息。

CMYK: 23,17,17,0
CMYK: 32,32,27,0
CMYK: 38,12,18,0

推荐色彩搭配

C: 36	C: 15
M: 22	M: 8
Y: 83	Y: 8
K: 0	K: 0

C: 23	C: 63
M: 17	M: 64
Y: 18	Y: 62
K: 0	K: 12

C: 56	C: 11
M: 47	M: 8
Y: 40	Y: 8
K: 0	K: 0

5.4 商业景观设计

　　商业区是为人们提供的购物、社交、游戏、休闲等活动的公共区域，人流较为密集。商业景观强调商业氛围与环境的体验感，注重空间的硬质景观设计，包括街道尺度、路面铺装、小品设施、景观照明等。并通过水体景观和植物配景的介入软化生硬的空间，增强景观的观赏性，起到调节心情、净化空气、减弱噪音的作用，营造轻松、舒适的环境氛围。

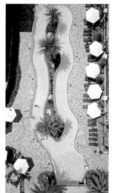

5.4.1　商业街景观设计

商业街是人流较为密集的空间，人们在长时间地出入商场、购物消费后很容易产生烦躁、紧张、疲倦的感觉。因此，在进行设计时，应配置完善的服务设施与休息设施，同时运用植物、花卉、雕塑小品等元素装饰环境，为人们提供舒适、温馨、轻松的活动空间。

色彩调性： 安适、惬意、干净、温馨、清新、放松、平静。
常用主题色：

CMYK: 12,9,9,0　CMYK: 16,44,73,0　CMYK: 0,0,0,100　CMYK: 1,1,1,0　CMYK: 88,73,0,0　CMYK: 10,91,57,0

常用色彩搭配

CMYK: 81,70,52,12
CMYK: 10,7,7,0

CMYK: 5,24,43,0
CMYK: 82,72,68,38

CMYK: 98,89,11,0
CMYK: 16,44,73,0

CMYK: 46,76,87,10
CMYK: 51,7,80,0

藏蓝色与浅灰色搭配，呈现出偏冷的色调，给人一种平静、庄重、理性的感受。

米色搭配黑灰色，明暗对比强烈，易成为空间内人们视线的焦点。

宝蓝与橘黄色为互补色对比，视觉冲击力较强，提升了环境中活跃的气氛，营造出鲜活、生动的空间氛围。

棕色和绿色搭配，给人一种复古、质朴、自然、和谐的视觉感受。

配色速查

亲切	雅致	古典	幽静

CMYK: 31,44,56,0
CMYK: 8,13,13,0
CMYK: 73,36,97,0

CMYK: 4,2,6,0
CMYK: 71,68,64,22
CMYK: 78,36,100,0

CMYK: 4,13,31,0
CMYK: 73,62,48,4
CMYK: 60,75,79,31

CMYK: 58,78,100,40
CMYK: 84,80,67,46
CMYK: 53,13,87,0

这是一条商业街街道处的景观设计。在街道中央设置有水体景观与植物景观，青翠的绿植与潺潺的流水提升了空间的流动感与生命力，增添了鲜活的气息；水边散布的鹅卵石与石块提升了景观的观赏性，与流水、绿植结合在一起，营造出贴合自然的环境氛围，缓解了市民长时间购物奔走的烦躁情绪。在绿植景观旁摆放供人休息的桌椅，使市民在休息的同时可以尽情地欣赏优美的景观，放松身心。

色彩点评

- 空间内以柔和的棕色为主，建筑物棕色的墙面与浅棕色的地面在温暖的黄色灯光照射下呈现出温馨、柔和、自然的视觉效果，营造出舒适、宜人的氛围。
- 棕色是贴近大地的颜色，同时与水体景观周围的山石颜色相近，在青翠的植物景观的映衬下，打造出更加贴近自然、古朴、清幽的自然景观。
- 苍翠的植物层次分明，布局巧妙，在丰富空间的同时增添了活跃、鲜活、清新的气息。

CMYK: 83,45,100,8
CMYK: 39,18,76,0
CMYK: 43,45,50,0

推荐色彩搭配

C: 100 C: 59
M: 98 M: 32
Y: 65 Y: 11
K: 55 K: 0

C: 56 C: 38
M: 54 M: 50
Y: 29 Y: 69
K: 0 K: 0

C: 54 C: 75
M: 54 M: 36
Y: 59 Y: 100
K: 1 K: 0

这是商业区内的一处景观设计。露天的画廊、咖啡馆与休息区可以给人们带来全新的体验，开放式的设计可使人的视野更加广阔，合理的布局使空间饱满而不繁杂，打造出舒适、惬意、温馨的休息空间。墙角、路面处的绿植鲜活葱郁，在丰富空间的同时活跃气氛，大面积的绿植还可以起到净化空气、放松心情的作用，提升居民的幸福感。

色彩点评

- 大面积的绿植为空间注入了鲜活、生动的气息，营造出清爽、舒适、惬意的环境氛围。
- 空间内以白色和棕色为主，简洁、干净的白色与朴素、平和的棕色呈现出柔和、安宁的视觉效果，打造出舒适、自然、温馨、安适的休息空间。

CMYK: 6,5,5,0
CMYK: 51,29,76,0
CMYK: 34,41,40,0

推荐色彩搭配

C: 20 C: 71
M: 44 M: 62
Y: 75 Y: 64
K: 0 K: 15

C: 81 C: 42
M: 38 M: 26
Y: 37 Y: 23
K: 0 K: 0

C: 33 C: 38
M: 43 M: 29
Y: 55 Y: 27
K: 0 K: 0

5.4.2　酒店景观设计

　　酒店是服务于消费者的商业场所，主要可为宾客提供住宿、餐饮、娱乐、休闲等服务。在设计时应重点考虑到消费者的体验感，配备完善的服务设施，设置户外休息区、娱乐与休闲区；并将植物、水体等软质景观同地面铺装、景观设施、小品等硬质景观相结合，营造出自然、和谐、舒适的环境氛围，提供给消费者一个惬意、舒适、悠闲的住宿环境。

色彩调性：舒适、雅致、惬意、唯美、悠闲、放松、明媚。

常用主题色：

CMYK: 62,7,20,0　CMYK: 1,1,1,0　CMYK: 88,73,0,0　CMYK: 87,45,89,7　CMYK: 44,52,64,0　CMYK: 21,16,15,0

常用色彩搭配

CMYK: 49,5,16,0
CMYK: 1,1,1,0

蔚蓝与白色搭配，呈现出干净、清新的景观效果。

CMYK: 27,24,27,0
CMYK: 2,14,19,0

灰色搭配米白色，两种颜色纯度较低，视觉冲击力不强，营造出柔和、内敛、自然的环境氛围。

CMYK: 49,6,95,0
CMYK: 62,7,20,0

翠绿色与蔚蓝色搭配，打造出贴近自然、和谐的空间景观。

CMYK: 67,65,77,26
CMYK: 72,29,65,0

深咖色和深青色明度较低，呈现出幽深、宁静、悠远的景观效果。

配色速查

清爽

CMYK: 73,22,20,0
CMYK: 46,35,30,0
CMYK: 58,65,63,9

愉悦

CMYK: 46,5,16,0
CMYK: 24,26,34,0
CMYK: 4,4,3,0

生命

CMYK: 68,22,32,0
CMYK: 24,22,21,0
CMYK: 40,5,71,0

优美

CMYK: 36,38,0,0
CMYK: 16,15,16,0
CMYK: 31,18,59,0

这是一家度假酒店室外泳池的景观设计。空间内的景观以线条为主要设计元素，建筑与泳池呈流畅的曲线形态，柔和的曲线使空间更加平和温馨，营造出舒适、惬意的环境氛围。在泳池旁的休息区设有供游客休息的躺椅，为游客带来更加舒适、惬意的体验。休息区的地面铺装有天然的木材，使整个环境的气氛更加自然、质朴，与青翠鲜活的绿植、花卉相结合，营造出贴近自然的空间氛围，为游客提供了一处舒适、清爽、温馨、自然的休息空间。

色彩点评

- 建筑以白色为主，呈现出干净、简约的风格，可为旅客提供一处清新、干净、清爽、宜人的休息空间。
- 休息区域地面的铺装保留了天然的原木色，与躺椅的颜色相同，营造出柔和、自然的环境氛围，带来自然、安适的体验感。
- 抱枕与泳池采用同样的蓝色，同蔚蓝的天空相映衬，使空间形成和谐、统一的秩序感，打造出协调、自然的景观效果。

CMYK: 90,75,0,0
CMYK: 1,1,2,0
CMYK: 49,78,80,14
CMYK: 69,44,100,3

推荐色彩搭配

C: 63　C: 21
M: 16　M: 16
Y: 39　Y: 17
K: 0　　K: 0

C: 61　C: 3
M: 57　M: 6
Y: 45　Y: 8
K: 0　　K: 0

C: 32　C: 57
M: 12　M: 24
Y: 72　Y: 11
K: 0　　K: 0

这是一家海滨度假酒店的休闲娱乐区域的景观设计，独特的气候条件形成了区域内优美、绮丽的海滨风光。高大的棕榈与灌木草丛塑造出层次分明的绿植景观，空间内植物丰富、结构饱满，自然气息浓厚。精巧、干净的建筑与设施为旅客提供了舒适、惬意的休闲空间，营造出惬意、宜人、清爽的环境氛围。

色彩点评

- 植物景观青翠葱郁、富有生命力，打造出自然、清爽、清新的景观效果。
- 空间内建筑与设施以蓝色和白色为主，呈现出清新、纯净的视觉效果，营造出舒适、自然、惬意的空间氛围。

CMYK: 68,32,82,0
CMYK: 1,1,2,0
CMYK: 47,20,13,0

推荐色彩搭配

C: 82　C: 42
M: 51　M: 39
Y: 9　　Y: 41
K: 0　　K: 0

C: 5　　C: 16
M: 13　M: 7
Y: 28　Y: 9
K: 0　　K: 0

C: 61　C: 73
M: 23　M: 14
Y: 90　Y: 21
K: 0　　K: 0

5.5　公园景观设计

公园是具有休闲、游览、观赏、休息、锻炼、文化交流等功能的公共场所，是城市系统重要的组成部分。公园大多采用围合式布局，整合建筑、道路、绿地、地形、山水等要素，以多种硬、软质景观构建公园景观。在设计时应考虑到对自然生态的保护，在不破坏自然环境的前提下进行规划设计，为民众打造舒适、惬意、自然、健康的活动空间。

5.5.1　植物景观设计

植物是自然界主要的生命形式之一，包括乔木、灌木、藤类、青草、地衣等众多种类。

在进行公园景观设计时，要根据城市的特点、自然地理条件、市民的爱好合理选择植物，并对空间结构进行合理的设计布局，以提升公园景观的观赏性，调节小气候，改善空间环境质量。丰富葱郁的绿植还可以营造出温馨、健康、惬意的休闲空间氛围，提升民众的幸福感。

色彩调性： 鲜活、生机、自然、葱郁、苍翠、清爽、静谧、盎然。

常用主题色：

CMYK: 87,45,89,7　CMYK: 39,5,89,0　CMYK: 27,24,27,0　CMYK: 42,63,100,2　CMYK: 62,44,43,0　CMYK: 68,7,99,0

常用色彩搭配

CMYK: 49,6,95,0
CMYK: 87,45,89,7

CMYK: 38,5,89,0
CMYK: 61,38,70,0

CMYK: 30,19,20,0
CMYK: 64,7,80,0

CMYK: 4,42,29,0
CMYK: 84,36,100,1

嫩绿与深绿搭配可以丰富空间的色彩，营造出鲜活、青翠、自然的植物景观效果。

同类色的搭配既增强了空间的层次感，又呈现出和谐、统一的视觉效果。

灰色搭配草绿色，可以营造出内敛、雅致、幽静的环境氛围。

浅红色搭配绿色，绚丽、清爽，打造出清新、唯美、鲜活的植物景观。

配色速查

盎然	秋天	和煦	柔和

CMYK: 33,0,77,0
CMYK: 59,19,46,0
CMYK: 70,44,92,3

CMYK: 54,53,66,2
CMYK: 48,22,99,0
CMYK: 33,40,93,0

CMYK: 22,23,37,0
CMYK: 81,50,100,14
CMYK: 21,49,33,0

CMYK: 15,43,23,0
CMYK: 20,18,19,0
CMYK: 54,12,72,0

这是公园内一处休息区的景观设计。高大的树木周围设置有供游客休息的金属椅与石凳,可以缓解游客在长时间的行走后造成的疲倦感。苍翠鲜活、层次分明的绿植景观使环境氛围更加鲜活、自然。游客在游玩的途中可以在树荫下小坐,休息的同时呼吸清新的空气、欣赏优美的景观。

色彩点评

■ 大面积的绿植景观为空间增添了鲜活、清新的气息,使空间氛围更加自然、舒适、宜人。

■ 公园地面的铺装保留了天然的色彩与纹理,自然、朴素,营造出贴近自然的环境氛围。

CMYK: 76,40,97,2
CMYK: 25,22,22,0

推荐色彩搭配

C: 13　C: 42
M: 10　M: 0
Y: 13　Y: 82
K: 0　 K: 0

C: 25　C: 63
M: 25　M: 38
Y: 14　Y: 84
K: 0　 K: 0

C: 25　C: 69
M: 36　M: 38
Y: 88　Y: 99
K: 0　 K: 0

这是一座城市绿植公园的景观设计。柔和、流畅的曲线是空间的主要设计元素,弯曲的小路使空间更加柔和、温馨,充满艺术感。草坪围绕小路修剪成月牙形状,营造出和谐、自然、协调的景观效果,植物景观布局巧妙,结构饱满,小路尽头的角落以石块作为点缀装饰空间,塑造出优美、自然的公园景观。

色彩点评

■ 大面积的草坪丰富了空间结构,为空间增添了鲜活、清爽的气息。

■ 灰白色的小路在周围苍翠绿植的映衬下,更加醒目、鲜明,极具辨识度。

CMYK: 24,39,45,0
CMYK: 9,7,7,0
CMYK: 67,52,100,11

推荐色彩搭配

C: 35　C: 73
M: 11　M: 36
Y: 76　Y: 98
K: 0　 K: 0

C: 39　C: 77
M: 9　 M: 44
Y: 46　Y: 67
K: 0　 K: 2

C: 6　 C: 56
M: 20　M: 9
Y: 44　Y: 74
K: 0　 K: 0

5.5.2　道路景观设计

公园内的道路景观在满足市民行进需求的同时，不可避免地会对空间内的景观格局和动植物造成影响。在进行设计时，应结合当地的自然环境、地形地貌，将对环境的破坏性降到最小，充分利用资源，协调两侧的建筑物、公共设施、景观小品和植物，并慎重考虑道路的宽度、线形、密度等要素，建造出合理有序、自然舒适的道路景观。

色彩调性：协调、有序、和谐、平稳、舒适、自然、理性。

常用主题色：

CMYK：77,62,52,7　CMYK：23,17,17,0　CMYK：24,35,55,0　CMYK：48,7,84,0　CMYK：43,47,49,0　CMYK：14,76,75,0

常用色彩搭配

CMYK：14,76,75,0　　　CMYK：77,62,52,7　　　CMYK：39,5,89,0　　　CMYK：21,16,15,0
CMYK：27,24,27,0　　　CMYK：23,17,17,0　　　CMYK：62,44,43,0　　　CMYK：61,38,70,0

妃红与卡其色搭配，营造出欢快、活跃的环境氛围。｜墨灰色和灰色搭配，两种颜色明度较低，呈现出稳重、平静的景观效果。｜嫩绿色和深灰色搭配，在鲜活中带有内敛与庄重的调性。｜灰色搭配灰绿色，饱和度较低的两种颜色呈现出柔和、自然、内敛的视觉效果。

配色速查

葱郁	恬静	朴素	理性

CMYK：16,15,17,0　　CMYK：13,3,5,0　　　CMYK：53,38,96,0　　CMYK：36,24,18,0
CMYK：39,19,75,0　　CMYK：28,24,29,0　　CMYK：32,32,37,0　　CMYK：51,69,78,11
CMYK：82,59,87,31　　CMYK：26,11,40,0　　CMYK：66,62,67,15　　CMYK：20,16,17,0

这是一座水上公园的道路景观设计。水面浮起的六角形石桩围绕着圆坛进行铺设，规律的排列提升了空间的秩序感，使景观更具观赏性。流水赋予了空间流动性，游客在欣赏鲜活的植物、娇艳的荷花的同时可以呼吸到清新的空气，感受到清凉的水的气息，营造出惬意、清新、宜人的环境氛围，为游客带来清爽、舒适、惬意的体验，打造出一处优美、自然的水上乐园。

色彩点评

- 鲜艳的荷花和苍翠的树木使空间内的气氛更加活跃、鲜活，充满生命的美感。
- 灰色的石桩充满古朴、自然的气息，呈现出自然、雅致的视觉效果。
- 蓝色的指示牌清爽、醒目、鲜明，与周围苍翠的绿植形成鲜明对比，具有极强的辨识性。

CMYK: 51,0,11,0
CMYK: 8,10,2,0
CMYK: 59,7,100,0

推荐色彩搭配

C: 29	C: 53
M: 34	M: 47
Y: 44	Y: 100
K: 0	K: 2

C: 23	C: 44
M: 16	M: 45
Y: 15	Y: 42
K: 0	K: 0

C: 21	C: 70
M: 11	M: 13
Y: 31	Y: 98
K: 0	K: 0

这是一座公园滨水区的道路景观设计。空间以柔和的曲线作为主要设计元素，在湖边搭建弧形栈道，流畅的曲线和潺潺的流水增强了空间的流动性和活跃性，营造出灵动、活跃、自然的环境。栈道旁设置有供游客休息的休息亭，在休息时可以欣赏唯美的湖景与青翠鲜活的绿植，打造出自然、灵动、鲜活的景观效果。

色彩点评

- 栈道的路面与栏杆均以防腐木搭建，保留了天然木材的棕色，营造出朴素、自然的环境氛围。
- 广阔的蓝色湖面与苍翠的树木呈现出清爽、清新、澄净的视觉效果，打造出鲜活、生动、富有生命力的生态景观。

CMYK: 50,67,81,10
CMYK: 56,23,9,0
CMYK: 66,24,100,0

推荐色彩搭配

C: 17	C: 56
M: 13	M: 50
Y: 13	Y: 55
K: 0	K: 0

C: 13	C: 55
M: 13	M: 29
Y: 14	Y: 84
K: 0	K: 0

C: 20	C: 47
M: 33	M: 75
Y: 39	Y: 86
K: 0	K: 10

5.5.3 雕塑景观设计

丰富多彩、形式多样、富有变化的雕塑同环境结合后可以赋予景观以生机和内涵，丰富周边环境的视觉效果，提升景观的可识别性。在进行设计时，应根据公园的主题对雕塑的形式、材质、造型、布局进行慎重考虑，设置适宜的雕塑小品，将自然与艺术相结合，演绎出新的环境氛围。

色彩调性： 灵动、精巧、活跃、放松、生趣、明快、和谐、鲜明。

常用主题色：

CMYK: 53,62,96,10　　CMYK: 35,28,27,0　　CMYK: 48,73,83,11　　CMYK: 0,0,0,100　　CMYK: 64,7,80,0　　CMYK: 77,41,51,0

常用色彩搭配

CMYK: 53,62,96,10 CMYK: 37,4,65,0	CMYK: 35,28,27,0 CMYK: 77,62,52,7	CMYK: 77,41,51,0 CMYK: 39,5,89,0	CMYK: 27,21,20,0 CMYK: 0,0,0,100
咖色搭配浅绿色，营造出质朴、自然、稳重的景观效果。	灰色搭配墨灰色，呈现出庄重、严谨的视觉效果。	青色搭配嫩绿色，同类色的搭配自然、协调，营造出盎然、葱郁的环境氛围。	灰色搭配黑色，低明度的颜色搭配获得了沉闷、庄严的景观效果。

配色速查

庄重	沉静	和谐	质朴

CMYK: 85,80,60,35 CMYK: 16,24,42,0 CMYK: 42,22,76,0	CMYK: 30,21,5,0 CMYK: 47,52,56,0 CMYK: 79,60,100,35	CMYK: 56,48,68,1 CMYK: 41,16,87,0 CMYK: 18,13,11,0	CMYK: 31,54,71,0 CMYK: 20,21,21,0 CMYK: 70,17,100,0

这是一座公园内的雕塑小品设计，在鲜活青翠的绿植中放置麋鹿造型的青石雕塑对空间景观进行点缀。造型活泼、生动可爱的雕塑装饰了此处空间，提升了景观的观赏性，使空间内的气氛更加活泼、灵动，营造出鲜活、自然、和谐的环境氛围。

色彩点评

- 种类丰富、色彩层次鲜明的植物景观使空间充满鲜活、生动的气息。
- 青色的雕塑小品融入周围的绿植景观，营造出接近自然的景观效果，打造出生动、有趣、宜人的环境氛围。

CMYK: 18,7,80,0
CMYK: 60,20,41,0
CMYK: 53,24,80,0

推荐色彩搭配

C: 59	C: 46
M: 59	M: 24
Y: 61	Y: 89
K: 5	K: 0

C: 64	C: 91
M: 55	M: 76
Y: 39	Y: 24
K: 0	K: 0

C: 29	C: 53
M: 17	M: 44
Y: 30	Y: 42
K: 0	K: 0

这是一个城市生态公园的雕塑小品设计，空间内的植物景观较为单调，整体环境的氛围比较沉闷、无趣。而在水池中设置金属雕像，生动形象的海狮、人与海浪的造型与水相结合，却打造出自然、和谐、生动的水体景观，营造出活跃、灵动、有趣的环境氛围，提升了空间的观赏性。

色彩点评

- 大面积的草坪使空间内的景观呈现出清新、自然的视觉效果，为游客提供了一处清新纯净的休闲空间。
- 蓝色的池水反射出天空与植物的景象，使空间内的景观更加清透、纯净，打造出自然、宜人的景观效果。
- 灰色的金属雕塑丰富了区域景观的色彩，使空间的气氛更加清爽，灰色视觉冲击力较弱，同周围景观相结合不会造成较大的差异，形成和谐、协调、自然的景观效果，提升了空间景观的观赏性与辨识度。

CMYK: 34,27,25,0
CMYK: 68,39,100,1
CMYK: 74,47,32,0

推荐色彩搭配

C: 6	C: 0
M: 4	M: 0
Y: 4	Y: 0
K: 0	K: 100

C: 47	C: 13
M: 5	M: 10
Y: 75	Y: 10
K: 0	K: 0

C: 52	C: 29
M: 77	M: 23
Y: 80	Y: 85
K: 19	K: 0

5.5.4　湖景设计

　　同其他水体景观不同，湖景景观由于其空间尺度较大、范围较广、平静无波的特点，无法设置较多装饰小品，使景观空间呈现出广阔、寂静、无趣的视觉效果。在进行设计时，不妨在湖面设置栈道或浮桥，既便于人们的通行，又装点了景观空间，为游客提供了更多观赏的角度。

色彩调性： 广阔、大气、唯美、静谧、惬意、清爽、悠闲。

常用主题色：

CMYK：93,72,42,4　CMYK：61,38,70,0　CMYK：66,6,56,0　CMYK：21,16,15,0　CMYK：7,9,15,0　CMYK：46,76,87,10

常用色彩搭配

CMYK：93,72,42,4 CMYK：21,16,15,0	CMYK：13,16,26,0 CMYK：80,56,58,8	CMYK：49,6,94,0 CMYK：81,70,52,12	CMYK：46,76,87,10 CMYK：61,38,70,0
靛蓝搭配灰色，呈现出悠远、浩渺的湖景景观，给人以壮丽、宁静的感受。	米色与青色搭配，在柔和中获得了素雅、幽静的视觉效果。	嫩绿色与灰蓝色搭配，呈现出旷野、悠远的意境。	棕色与灰绿色搭配，给人一种自然、舒适、和谐的视觉感受。

配色速查

广袤	寂静	辽阔	平和
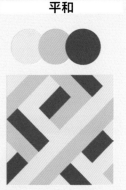			
CMYK：84,71,49,10 CMYK：34,13,71,0 CMYK：84,47,100,11	CMYK：53,41,33,0 CMYK：70,65,99,36 CMYK：15,16,15,0	CMYK：52,40,87,0 CMYK：56,82,87,35 CMYK：88,55,100,28	CMYK：9,15,7,0 CMYK：31,14,32,0 CMYK：82,52,100,19

这是一座城市生态湿地公园的景观设计。公园远离城市，广阔的湖泊与茂密的植物构成了空间内美妙、和谐、宜人的自然景观。空间内独特的自然景观与良好的生态环境为市民提供了一处接近自然的休息区域。苍翠葱郁的植物与平静的湖面营造出静谧、清新、自然的环境氛围，令人赏心悦目。

色彩点评

- 大面积的绿植景观呈现出清新、纯净的视觉效果，营造出鲜活、自然、清净的环境氛围。
- 幽蓝的湖水反射出湛蓝的天空与苍翠的植物，使空间内的景观效果更加通透纯净。

CMYK: 62,45,82,2
CMYK: 13,9,9,0
CMYK: 25,60,75,0
CMYK: 83,73,58,24

推荐色彩搭配

C: 53 C: 75
M: 52 M: 28
Y: 64 Y: 98
K: 1   K: 0

C: 15 C: 68
M: 14 M: 52
Y: 16 Y: 100
K: 0   K: 11

C: 53 C: 30
M: 30 M: 31
Y: 83 Y: 38
K: 0   K: 0

这是一座公园内的湖景景观设计。空间内生长着大面积的植物，苍翠鲜活，布局巧妙，使整片空间充满鲜活、清新的气息。广阔、平静的湖面营造出通透、静谧、安静的环境氛围，打造出惬意、平和、静谧的休闲空间，可让游客在欣赏风景时，放松心情、陶冶心情。

色彩点评

- 大面积的绿植景观为环境注入了鲜活的气息，使空间的氛围更加自然、鲜活。
- 浅黄色的路面呈现出柔和、朴素的视觉效果，同周围的植物景观一同构成了自然、惬意、和谐的濒水景观，营造出自然、舒适、协调的环境氛围。

CMYK: 51,36,93,0
CMYK: 9,18,28,0

推荐色彩搭配

C: 62 C: 63
M: 30 M: 57
Y: 100 Y: 100
K: 0   K: 15

C: 49 C: 51
M: 29 M: 40
Y: 4   Y: 31
K: 0   K: 0

C: 44 C: 51
M: 57 M: 38
Y: 83 Y: 33
K: 1   K: 0

5.5.5　公园小品设计

公园作为市民休闲、娱乐、休息、锻炼身体、游览的公共区域，在设置完善、全面的公共设施的同时，还应注意对景观空间的装饰、点缀，并以此提升景观空间的观赏性。在设置景观小品时，可以选择鲜艳、小巧、精致、优美的小品供市民观赏，使市民在休闲、散步、休息之余，可以享受到惬意、舒适的悠闲时光。

色彩调性： 悠闲、放松、和谐、舒适、灵动、鲜活。

常用主题色：

CMYK: 49,6,94,0　CMYK: 1,1,1,0　CMYK: 23,17,17,0　CMYK: 47,56,81,2　CMYK: 0,0,0,100　CMYK: 80,56,58,8

常用色彩搭配

CMYK: 14,76,75,0
CMYK: 80,56,58,8

红色与深青色形成较强的对比，营造出活跃、明媚、热烈的环境氛围。

CMYK: 6,59,80,0
CMYK: 49,6,94,0

橘色搭配绿色，明快、鲜活，打造出鲜活、欢快、愉悦的休闲空间。

CMYK: 23,17,17,0
CMYK: 42,63,100,2

灰色与棕黄搭配，视觉冲击力较弱，营造出内敛、悠闲、轻松、朴素的环境氛围。

CMYK: 1,1,1,0
CMYK: 0,0,0,100

白色与黑色搭配，简约、干净、大气，视觉冲击力较强，易成为宽阔空间内的景观焦点。

配色速查

悠闲	和谐	清爽	灵动
CMYK: 16,18,24,0 CMYK: 90,84,74,64 CMYK: 77,51,98,14	CMYK: 18,13,11,0 CMYK: 68,37,92,0 CMYK: 60,68,81,23	CMYK: 62,75,74,31 CMYK: 40,14,24,0 CMYK: 56,13,63,0	CMYK: 14,89,100,0 CMYK: 15,23,30,0 CMYK: 78,28,75,0

这是公园一角的装饰小品设计，在草坪上放置由玻璃钢制成的樱桃造型的小品作为装饰。生动形象的小品活跃了空间的气氛，营造出自然、生趣、灵动的公园景观效果。

色彩点评

- 大面积的空旷绿地与植物营造出静谧、柔和、贴近自然的空间氛围。
- 生动的红色樱桃装饰小品丰富了空间的颜色，使空间景观更具视觉吸引力，提升了景观的观赏性。

CMYK: 55,32,75,0
CMYK: 47,100,100,21

推荐色彩搭配

C: 30	C: 69
M: 23	M: 43
Y: 17	Y: 55
K: 0	K: 0

C: 21	C: 82
M: 26	M: 47
Y: 24	Y: 100
K: 0	K: 9

C: 41	C: 44
M: 19	M: 28
Y: 23	Y: 66
K: 0	K: 0

这是公园内的一处景观设计。在草坪中央放置颜料管造型的小品，将颜料管的开口处朝向花卉，呈现出颜料管喷出花朵的效果，使空间内的景观更加灵动、有趣，提升了景观的辨识度与观赏性。

色彩点评

- 空间以绿色为主，橘色和白色作为辅助色，营造出温馨、明媚、清新的自然景观效果。
- 大面积的草坪营造出鲜活、自然的环境氛围，呈现出清新、自然的视觉效果。

CMYK: 5,69,93,0
CMYK: 4,4,2,0
CMYK: 77,46,100,7

推荐色彩搭配

C: 7	C: 18
M: 51	M: 27
Y: 91	Y: 27
K: 0	K: 0

C: 25	C: 58
M: 19	M: 69
Y: 18	Y: 100
K: 0	K: 25

C: 36	C: 78
M: 39	M: 59
Y: 68	Y: 100
K: 0	K: 31

第6章

景观植物类型

植物是自然界主要的生命形式之一，是景观设计的重要构成要素。景观规划要根据植物的生态特性和空间结构对植物与花卉进行布置与组合，利用植物造景，合理划分空间，构建出贴近自然、优美的景观空间，营造出惬意、宜人、轻松的环境氛围。对植物花卉的品种、生态习性、组合方式进行充分考量后，应根据植物花卉的色彩、大小、形态等属性的不同，将植物、花卉与空间景观相融合，最终呈现出美观、协调的景观效果。

在设计时应注重植物搭配的层次结构，植物的生长规律与色彩变化，使整体环境和谐统一。本章节主要讲述常绿阔叶树木、落叶阔叶树木、针叶树、竹类、藤本爬藤植物、花卉、草坪等7种景观植物类型。

> 常绿阔叶树木：叶片宽阔、扁平，从总体来看树冠全年保持长绿。
> 落叶阔叶树木：与长绿阔叶树木不同，落叶阔叶树木在秋冬季节落叶，叶片变色。
> 针叶树：叶片细长如针，多为常绿树，寿命较长，适应环境能力较强。
> 竹类：生长迅速，枝杆挺拔坚韧，四季常青。
> 藤本爬藤植物：茎干细长，需依附外物向上生长。
> 花卉：景观设计中重要的设计元素，色彩丰富，具有较强的装饰和观赏价值。
> 草坪：具有绿化功能的大面积的平整的草地。

6.1 常绿阔叶树木

常绿阔叶树一般是指叶片较为宽阔、扁平的树木，根据树种的不同可分为乔木层、灌木层和草本层。常绿阔叶树木无明显的落叶休眠期，一般在落叶的同时长出新叶，因此终年常绿。常绿阔叶树叶片苍翠舒展、四季常青，种植后可以塑造出自然、生机盎然的植物景观，营造出鲜活葱郁、清新自然的环境氛围。常见的常绿阔叶树木有香樟、大叶女贞、法国冬青、石楠、广玉兰、桂花、山茶、棕榈、高山榕、万年青等。

色彩调性： 绿色、舒畅、自然、生长。

常用主题色：

CMYK:31,8,90,0　　CMYK:55,22,48,0　　CMYK:51,7,75,0　　CMYK:80,50,100,14　　CMYK:21,2,32,0　　CMYK:69,41,93,2

常用色彩搭配

CMYK: 31,8,90,0　　CMYK: 80,50,100,14　　CMYK: 55,22,48,0　　CMYK: 7,0,26,0
CMYK: 55,85,93,38　　CMYK: 57,100,74,40　　CMYK: 53,46,96,1　　CMYK: 49,7,27,0

黄绿色搭配棕色明度对比强烈，使黄绿色更加鲜明，可以营造出鲜活、活跃的空间氛围。　深红色与深绿色搭配，明度较低，可以营造出幽静、肃穆、沉静的环境氛围。　竹青搭配咖啡色，古朴、贴近自然，可以打造出自然、纯粹的植物景观。　米色搭配青蓝色，空间景观色彩明度较高，明快、清新、鲜活。

配色速查

舒适	浓郁	简约	活力

CMYK: 56,46,100,2　　CMYK: 57,100,69,31　　CMYK: 7,0,26,0　　CMYK: 75,51,100,14
CMYK: 55,22,48,0　　CMYK: 80,50,100,14　　CMYK: 61,25,91,0　　CMYK: 4,3,3,0
CMYK: 4,13,16,0　　CMYK: 21,15,16,0　　CMYK: 52,57,61,2　　CMYK: 13,5,60,0

　　这是一处庭院花园的景观设计，景观空间内的植物苍翠秀丽、挺拔多姿，营造出生机勃勃的环境氛围。空间景观以棕榈、龙舌兰、朱蕉为主要设计元素，棕榈树与龙舌兰在空间中占据着较大的面积。棕榈高大挺拔，与较为低矮的龙舌兰组合在一起，提升了垂直空间的层次感，丰富了空间结构；向下垂落的宽阔叶片与龙舌兰向上生长的细长叶片相呼应，呈现出自由、灵动的韵律感。草坪边缘以鹅卵石进行隔断与装饰，使龙舌兰与朱蕉呈弧线形排列，塑造出柔和、活泼、自然的绿植景观效果。

色彩点评

■ 景观空间以植物为主，呈现出绿色调。大面积的植物为空间注入了鲜活、生命的气息，营造出鲜活、自然、盎然的环境氛围。

■ 深绿色的棕榈、灰绿色的龙舌兰、葱绿的草坪与紫红色的朱蕉构成了庭院内生动的绿植景观，丰富的色彩使景观更加秀丽。

■ 空间中白色建筑与葱茏的植物相映衬，呈现出干净、清爽的视觉效果，营造出轻松、自然的环境氛围，打造干净、清爽、悠闲的活动空间。

CMYK: 6,12,18,0　　CMYK: 76,55,91,19
CMYK: 63,34,62,0　　CMYK: 48,100,100,21

推荐色彩搭配

C: 31	C: 80
M: 8	M: 50
Y: 90	Y: 100
K: 0	K: 14

C: 55	C: 26
M: 22	M: 16
Y: 48	Y: 15
K: 0	K: 0

C: 50	C: 84
M: 20	M: 65
Y: 67	Y: 96
K: 0	K: 49

　　这是一条市域周边商业街的景观设计，与城市中心商业街不同，空间人员流动较少，植物生长空间较大。翠绿盎然的桂花树占据了较大的面积，是此处景观空间的视线焦点，使其空间结构更加饱满；树坛内围绕着桂花树种植有较为低矮的小叶黄杨与紫叶小檗，茂盛的树冠与低矮的树丛相映衬，提升了绿植景观的层次感。挺拔秀丽、鲜活苍翠的树木为空间营造出自然、宜人、清新的环境氛围。

色彩点评

■ 景观空间以绿色为主，暗绿色的树冠与青葱的灌木塑造出鲜活、葱茏的植物景观，给人以清爽、愉悦、轻松的视觉感受。

■ 紫红色的紫叶小檗丰富了植物景观的色彩，与绿色的树木形成对比，提升了绿植景观的色彩层次感，使景观空间更具观赏性。

CMYK: 72,38,100,1
CMYK: 57,100,78,43

推荐色彩搭配

C: 80	C: 74
M: 48	M: 86
Y: 100	Y: 57
K: 10	K: 28

C: 56	C: 82
M: 9	M: 59
Y: 22	Y: 98
K: 0	K: 35

C: 50	C: 66
M: 22	M: 6
Y: 99	Y: 57
K: 0	K: 0

这是一处城市住宅区的景观设计，空间内设有室外泳池及桌椅，不规则的形状具有较强的辨识性，给人留下深刻的印象。空间内的绿植由棕榈、香樟、草坪以及灌木丛组成，树木围绕泳池交错分散排列，形成独特的布局方式与韵律感，丰富景观空间的同时不会造成繁杂零落的景观效果。挺拔修长的棕榈、枝繁叶茂的香樟、与整齐低矮的草丛组合在一起，增强了围合空间的垂直感。葱茏、茂密的绿植构建出悠闲、轻松的休息空间，营造出惬意、舒适、自然的环境氛围。

色彩点评

■ 景观空间以绿色为主，郁郁葱葱的树木、草丛为空间注入了清爽、灵动的气息，使氛围更为活跃、清新、宜人。

■ 空间内的建筑与设施以灰白色为主，呈现出简约的视觉效果，与鲜活的绿植相映衬，给人以轻松、舒适、惬意的感受。

■ 青色的泳池澄净、清新，在周围苍翠绿植的环绕下，更显清凉、安适，打造出悠闲、平和、宜人的濒水景观。

CMYK: 36,3,13,0 　　CMYK: 23,13,12,0
CMYK: 81,59,97,32 　CMYK: 49,19,99,0

推荐色彩搭配

C: 44	C: 60		C: 2	C: 87		C: 61	C: 42
M: 46	M: 21		M: 2	M: 45		M: 25	M: 17
Y: 44	Y: 60		Y: 23	Y: 90		Y: 36	Y: 84
K: 0	K: 0		K: 0	K: 7		K: 0	K: 0

这是一栋别墅内的景观设计，空间景观以广玉兰为主要设计元素，占据较大的面积，营造出鲜活、清新、自然的环境氛围。树坛内种植有较为低矮的乔木与灌木，与挺拔端正的广玉兰相呼应，提升了垂直空间的层次感，使空间景观结构更加饱满，富有观赏性。广玉兰树姿端正，树形优美，花大清香，置身于此处空间，可以感受到清新、纯净的自然之美。

色彩点评

■ 空间以绿色为主，暗绿色的广玉兰与青翠的乔木组合，提升了植物景观的层次感，营造出鲜活、自然、清爽的环境氛围。

■ 青翠的绿植与灰色的建筑形成一定对比，灰色、优雅、内敛、柔和，在绿植景观的装点下，打造出惬意、舒适、悠闲的居住空间。

CMYK: 22,15,11,0 　　CMYK: 73,44,62,1
CMYK: 85,48,100,12 　CMYK: 33,42,82,0

推荐色彩搭配

C: 50	C: 54		C: 53	C: 21		C: 56	C: 65
M: 50	M: 15		M: 46	M: 2		M: 84	M: 7
Y: 78	Y: 98		Y: 96	Y: 32		Y: 100	Y: 80
K: 1	K: 0		K: 1	K: 0		K: 40	K: 0

6.2　落叶阔叶树木

　　落叶阔叶树木不同于常绿树木的四季常青，在秋季时叶片颜色开始发生变化并脱落，叶片颜色丰富绚丽，具有明显的时节变化。由于落叶树木的叶片颜色随着季节的变化呈现出不同的颜色，因此在空间会形成不同的景观效果，使空间景观富有多变性。常见的落叶阔叶树木有银杏、木芙蓉、垂柳、龙爪槐、白玉兰、樱花、黄槐、黄桷树、梧桐、桦树等。

色彩调性： 收获、金黄、温暖、丰富、热情。

常用主题色：

CMYK:19,16,86,0　CMYK:23,47,95,0　CMYK:37,89,100,2　CMYK:12,27,19,0　CMYK:44,35,97,0　CMYK:59,24,99,0

常用色彩搭配

CMYK: 12,27,19,0
CMYK: 59,24,99,0

CMYK: 27,63,99,0
CMYK: 13,5,83,0

CMYK: 44,35,97,0
CMYK: 17,5,12,0

CMYK: 24,95,90,0
CMYK: 54,84,91,34

粉色与绿色搭配，呈现出清新、秀丽的景观效果，塑造出活泼、明快的环境氛围。

棕黄色搭配明黄色，暖色调搭配打造出温馨、温暖、亲切的秋色景观。

灰色搭配枯叶黄，营造出质朴、安静、内敛的环境氛围，打造出古典、自然的景观效果。

红色搭配酱色，呈现出明度的变化，提升了空间色彩的层次感，给人一种和谐、壮阔的视觉感受。

配色速查

收获	青春	鲜明	热烈

CMYK: 10,20,78,0
CMYK: 56,40,91,0
CMYK: 31,34,48,0

CMYK: 12,27,19,0
CMYK: 18,12,13,0
CMYK: 51,7,75,0

CMYK: 23,47,95,0
CMYK: 43,9,29,0
CMYK: 76,65,49,6

CMYK: 24,95,90,0
CMYK: 14,43,85,0
CMYK: 51,42,56,0

这是一处道路的景观设计，葱郁青翠的榔榆树是此处空间景观的视线焦点，以榔榆为中心进行设计。道路两侧修剪成柱形的灌木围绕榔榆树在矩形空间内规整排列，呈现出和谐、协调、充满秩序感的景观效果。平整的灌木丛高度相同，使空间景观更加规整、有序、严谨。而树冠茂密、树枝自然垂落的榔榆则为空间增添了鲜活、生动、活跃的气息，营造出自然、和谐、清爽的环境氛围。

色彩点评

■ 空间以绿色为主，大面积的灌木与树木为空间注入了鲜活的生命气息，营造出清新、怡人、自然的环境氛围。绿色有益于缓解视觉疲劳、舒缓心情，对于交通出行而言更加有益。

■ 灰色的道路与白色的栅栏围墙呈现出柔和、自然、内敛的视觉效果，视觉冲击力较弱，构建出自然、和谐、平和的出行空间。

■ 棕色的地面与绿色的植物相映衬，打造出贴近自然、和谐的绿植景观。

CMYK: 77,27,100,0　　CMYK: 83,56,100,27
CMYK: 12,11,16,0　　CMYK: 40,38,51,0

推荐色彩搭配

C: 56　C: 31
M: 40　M: 34
Y: 91　Y: 48
K: 0　　K: 0

C: 10　C: 18
M: 20　M: 12
Y: 78　Y: 13
K: 0　　K: 0

C: 51　C: 12
M: 7　　M: 27
Y: 75　Y: 19
K: 0　　K: 0

这是一座庭院的景观设计。庭院内植物种类丰富、葱茏茂盛，令人赏心悦目。修长茂盛的桦树使空间结构更加饱满，桦树下分散的莎草与花卉，构成了饱满鲜活的植物景观。植物的色彩变化提升了空间景观的层次感，在有限的空间内打造出贴近自然的景观效果，营造出惬意、静谧、安静的环境氛围。

色彩点评

■ 空间大面积生长着苍翠葱茏的植物，营造出鲜活、生动、和谐的环境氛围，呈现出平和、自然、和谐的视觉效果。

■ 地面装饰的鹅卵石以棕色为主色调，充满原始、质朴、自然的韵味，与周围绿植相映衬，使空间景观更加贴近自然，打造出清新、自然的休闲空间。

CMYK: 35,9,79,0
CMYK: 82,58,100,32
CMYK: 49,59,67,2

推荐色彩搭配

C: 18　C: 43
M: 12　M: 9
Y: 13　Y: 29
K: 0　　K: 0

C: 23　C: 76
M: 47　M: 65
Y: 95　Y: 49
K: 0　　K: 6

C: 24　C: 51
M: 95　M: 42
Y: 90　Y: 56
K: 0　　K: 0

这是一处滨河区域的景观设计。空间以樱花树为主要设计元素，在宽阔的道路旁种植着大量绚丽烂漫的樱花树，繁茂的樱花树丰富了空间结构，形成饱满、温馨、绮丽的空间景观。在低垂的花枝间，建筑与横桥隐约可见，呈现出朦胧、梦幻、唯美的景观效果，具有较强的视觉吸引力。

色彩点评

■ 空间以粉色为主，大量的樱花树使空间景观更加唯美、绚丽，营造出梦幻、宜人的环境氛围。

■ 灰色的道路与粉色的樱花相映衬，呈现出柔和、和谐的景观效果。

■ 河堤上生长的绿色植物与樱花树形成鲜明对比，丰富了景观的色彩，提升了空间的层次感，使环境气氛更加活跃。

CMYK: 3,20,0,0
CMYK: 54,7,84,0
CMYK: 59,58,44,0

推荐色彩搭配

C: 24 C: 40
M: 11 M: 51
Y: 72 Y: 58
K: 0   K: 0

C: 75 C: 0
M: 51 M: 2
Y: 100 Y: 2
K: 14 K: 0

C: 16 C: 80
M: 29 M: 43
Y: 81 Y: 66
K: 0   K: 2

这是一处城市道路景观设计。道路转角的银杏树是空间景观的中心，飘落的金黄粲然的银杏树叶呈现出独特、绚丽的秋色景象，打造出宜人、美观、壮观的道路景观。道路另一侧生长着苍翠盎然的松树与草丛，与金黄的银杏树形成鲜明对比，丰富了空间的色彩，营造出和煦、温暖、静谧的环境氛围。

色彩点评

■ 空间以金黄色为主色调，高大挺拔的银杏树叶片金黄，呈现出绚丽、灿烂的视觉效果，营造出宜人、清爽的秋色。

■ 苍翠葱茏的松树和草坪与金色的银杏形成对比，为萧瑟、静谧的秋景注入了鲜活、明媚的气息。

■ 灰色的路面柔和、内敛，与周围的植物景观搭配，呈现出和谐、自然、柔和的景观效果。

CMYK: 18,26,84,0
CMYK: 52,47,49,0
CMYK: 78,60,96,34

推荐色彩搭配

C: 27 C: 23
M: 63 M: 47
Y: 99 Y: 95
K: 0   K: 0

C: 2   C: 40
M: 2   M: 9
Y: 23 Y: 83
K: 0   K: 0

C: 35 C: 44
M: 4   M: 35
Y: 26 Y: 97
K: 0   K: 0

6.3 针叶树

针叶树的叶片细长如针，材质较软，大部分为常绿树，冬天不会落叶，一般包括乔木和灌木，具有较强的观赏价值与经济价值。常见的针叶树有水杉、雪松、云杉、红松、冷杉、獐子松、黑松、金钱松、柳杉、黄山松等。

色彩调性：质朴、稳重、大气、深沉、素净、单一。

常用主题色：

CMYK:43,9,29,0　CMYK:61,25,36,0　CMYK:75,51,100,14　CMYK:60,21,60,0　CMYK:70,43,63,1　CMYK:45,23,63,0

常用色彩搭配

CMYK：61,25,36,0
CMYK：56,17,58,0

CMYK：53,33,82,0
CMYK：57,100,69,31

CMYK：42,58,94,1
CMYK：39,5,72,0

CMYK：38,26,33,0
CMYK：70,43,63,1

同类色的搭配提升了景观空间的层次感，使景观更具视觉吸引力，营造出清爽、自然、葱郁的环境氛围。

绿色和紫红色搭配明度较低，呈现出肃穆、深邃、幽静的植物景观效果。

棕色和翠绿搭配，给人一种自然、古朴，古典的感觉。

灰色和深青搭配，呈现出柔和、幽静的景观效果。

配色速查

素净

轻柔

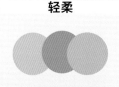

稳重

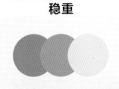

复古

CMYK：59,29,80,0
CMYK：87,64,100,49
CMYK：29,22,12,0

CMYK：34,15,31,0
CMYK：62,24,53,0
CMYK：33,24,24,0

CMYK：61,37,69,0
CMYK：61,25,36,0
CMYK：16,11,11,0

CMYK：43,56,72,0
CMYK：79,59,78,26
CMYK：45,39,40,0

这是一座城市绿化公园的景观设计，圆锥状的针叶树木挺拔修长，蓬勃向上，使空间充满鲜活、自然的气息，呈现出生命的美感。周围丰富的绿植使空间结构更加饱满，营造出自然，和谐，清新的环境氛围。

色彩点评

- 空间以绿色为主色，大面积的苍翠植物为空间注入了鲜活、清爽的气息，营造出轻松、和谐、自然的环境氛围。
- 棕黄的树木丰富了空间景观的色彩，使景观更具视觉吸引力，打造出美观、轻松、和谐的休闲空间。
- 地面以深灰色的石材进行铺装，自然的肌理与色彩更具朴素自然的韵味，呈现出柔和、协调、平和的视觉效果。

CMYK: 86,52,100,19
CMYK: 31,41,66,0
CMYK: 65,59,64,9

推荐色彩搭配

C: 60	C: 37
M: 21	M: 26
Y: 60	Y: 26
K: 0	K: 0

C: 73	C: 24
M: 47	M: 11
Y: 99	Y: 72
K: 7	K: 0

C: 23	C: 84
M: 47	M: 51
Y: 95	Y: 100
K: 0	K: 17

这是一处庄园的景观设计。空间以针叶树为主要设计元素，挺拔修长、苍翠葱茏的针叶树营造出静谧、宜人的环境氛围。树木整体呈圆锥形，展现出旺盛的生命力，形成欣欣向荣的景观效果。低矮的灌木与花卉同针叶树形成对比，提升了纵向空间的层次感，丰富了空间景观的色彩，打造出绚丽、平和、惬意的庄园景观。

色彩点评

- 庄园中挺拔修长的针叶树蓬勃向上，墨绿的针叶树营造出葱郁、自然、富有生机的景观效果。
- 灰色的地面与棕色的房屋相映衬，在周围葱郁的植物的围拢下，更显祥和与温馨。
- 紫红色的灌木与墨绿的松树形成鲜明对比，丰富了空间景观的色彩，使景观的色彩更加多彩浓郁，提升了景观的视觉冲击力，空间氛围更加活跃。

CMYK: 83,48,100,11
CMYK: 60,29,80,0
CMYK: 46,41,35,0
CMYK: 51,95,63,12

推荐色彩搭配

C: 46	C: 71
M: 55	M: 28
Y: 98	Y: 88
K: 2	K: 0

C: 38	C: 80
M: 7	M: 50
Y: 89	Y: 100
K: 0	K: 14

C: 72	C: 50
M: 72	M: 20
Y: 81	Y: 67
K: 47	K: 0

这是一座中式庭院的景观设计。空间以宽阔茂盛的雪松作为主景，并以较为纤长低矮的青竹作为配景，两种植物相互映衬，丰富了空间结构，使庭院景观空间饱满而葱郁，营造出静谧、清幽、葱郁的环境氛围。木制的围墙与地面铺装的木板使庭院景观更加富有古朴韵味，贴近自然，打造出自然、宜人的中式庭院景观。

色彩点评

- 庭院以绿色为主，暗青的雪松与苍翠的青竹使空间充满自然、生动的气息，营造出贴近自然、清爽、惬意的环境氛围。
- 木质的围墙与地板色彩柔和、内敛，视觉冲击力较小，呈现出古朴、自然、和谐的视觉效果，与鲜活的植物景观相映衬，打造出静谧、平和、雅致的生活空间。

CMYK: 63,29,55,0
CMYK: 25,18,14,0
CMYK: 59,22,98,0

推荐色彩搭配

C: 48	C: 56
M: 87	M: 24
Y: 63	Y: 63
K: 8	K: 0

C: 2	C: 61
M: 2	M: 25
Y: 23	Y: 99
K: 0	K: 0

C: 53	C: 83
M: 27	M: 36
Y: 99	Y: 100
K: 0	K: 1

这是一座庄园的景观设计。苍翠葱茏的柏树整体呈圆锥形，呈现出欣欣向荣的景象。柏树树姿优美，挺拔修长，规整的排列方式充满秩序感。平台与地面以规整平滑的石材进行铺设，获得平稳坚固的视觉效果。柏树周围以低矮、葱郁、鲜活的各种灌木与草丛进行搭配，活跃了空间的氛围，使环境氛围更为灵动、活跃。

色彩点评

- 景观空间以绿色为主，墨绿色的柏树与青葱的灌木、草丛充满自然、鲜活的气息，给人以清爽、平静、舒适的感觉。
- 空间内的地面与墙面以棕色为主，呈现出朴素、自然的视觉效果，在周围青翠绿植的映衬下，更显古朴、和谐。
- 空间内的植物色彩充满层次感，呈现出鲜活灵动活跃的视觉效果。

CMYK: 78,47,100,9
CMYK: 39,50,60,0
CMYK: 47,42,27,0

推荐色彩搭配

C: 72	C: 45
M: 63	M: 23
Y: 67	Y: 63
K: 19	K: 0

C: 44	C: 80
M: 35	M: 43
Y: 97	Y: 66
K: 0	K: 2

C: 61	C: 76
M: 37	M: 20
Y: 69	Y: 68
K: 0	K: 0

6.4　藤本爬藤植物

　　藤本爬藤植物是指茎干细长，不能直立生长，需要依附外物向上攀爬生长的植物。藤本爬藤植物生长迅速，可通过藤本植物发展垂直绿化，增加城市绿化空间，提高整体绿化水平，改善城市生态环境。常见的藤本爬藤植物有金银花、藤本月季、紫藤、牵牛花、常春藤、葡萄藤、风车茉莉、爬藤绣球、铁线莲、爬山虎等。

色彩调性： 清新、情怀、诗意、素雅、唯美。

常用主题色：

CMYK:43,28,4,0　CMYK:2,0,2,0　CMYK:7,8,23,0　CMYK:4,17,1,0　CMYK:78,42,78,3　CMYK:58,35,94,0

常用色彩搭配

CMYK: 7,8,23,0 CMYK: 58,35,94,0	CMYK: 43,28,4,0 CMYK: 78,42,78,3	CMYK: 8,23,60,0 CMYK: 7,8,23,0	CMYK: 2,0,2,0 CMYK: 76,47,99,9
柔和的米色和绿色搭配，可获得亲切、清新、舒适的景观效果。	蓝色和深绿搭配，使得空间景观更加壮阔、宜人，极具视觉冲击力。	黄色和米色搭配，暖色调的搭配使空间景观更显亲切、温馨，营造出柔和、舒适的环境氛围。	白色和绿色搭配，清爽、干净，营造出自然、清爽、轻松的环境氛围。

配色速查

正式	优雅	活力	格调

CMYK: 8,0,25,0 CMYK: 61,25,91,0 CMYK: 90,86,78,70	CMYK: 14,11,11,0 CMYK: 48,40,39,0 CMYK: 59,22,98,0	CMYK: 43,28,4,0 CMYK: 0,0,0,0 CMYK: 58,17,67,0	CMYK: 50,55,6,0 CMYK: 36,30,35,0 CMYK: 81,56,100,27

这是一栋别墅的景观设计。空间以细长纤细的牵牛花为主要设计元素。纤长的牵牛花由地面延伸向屋顶，形成立体的景观墙，提升了空间的纵深感，营造出清新、惬意、轻松的环境氛围。干净、简约的现代建筑与清新、鲜活的植物融合，充满清爽与自然的气息。

色彩点评

- 空间以建筑的黑色与白色为底色，充满简洁、大气、干净的韵味，营造出平和、稳重的环境氛围。
- 纤长、秀丽的牵牛花为空间注入了鲜活、灵动的气息，使空间的氛围更加活跃、宜人，打造出清爽、自然、惬意的居住空间。

CMYK: 80,73,63,30
CMYK: 0,0,0,0
CMYK: 62,22,100,0

推荐色彩搭配

C: 73	C: 79
M: 47	M: 70
Y: 99	Y: 0
K: 7	K: 0

C: 24	C: 76
M: 11	M: 20
Y: 72	Y: 68
K: 0	K: 0

C: 7	C: 43
M: 2	M: 5
Y: 27	Y: 89
K: 0	K: 0

这是一处独栋别墅的景观设计。空间以紫藤为主要设计元素，浪漫、秀丽的紫色植物使空间景观更加绚丽、雅致。窗外攀爬的紫藤茂盛盎然，沿着建筑表面向四周蔓延，使空间景观更加饱满、绚丽，给人以美的享受。地面种植的青翠植物丰富了景观空间的色彩，使空间氛围更加鲜活。

色彩点评

- 空间以墙面的灰棕色为底色，柔和的灰棕色营造出温馨、柔和的环境氛围，打造出宁静、平和的居住空间。
- 在灰棕色的映衬下，秀丽、娇艳的紫藤更显绚丽与浪漫，搭配青翠的绿植，增添了清新与优雅的韵味。
- 青翠盎然的绿植为空间注入了鲜活的气息，使空间氛围更加自然、活跃、清爽。

CMYK: 48,55,5,0
CMYK: 86,49,100,13
CMYK: 27,24,27,0

推荐色彩搭配

C: 42	C: 87
M: 43	M: 45
Y: 5	Y: 90
K: 0	K: 7

C: 28	C: 58
M: 19	M: 17
Y: 27	Y: 67
K: 0	K: 0

C: 54	C: 38
M: 78	M: 7
Y: 88	Y: 89
K: 26	K: 0

这是一栋别墅的庭院花园景观设计。青翠坚韧的常青藤从地面攀爬到墙面，并向四周延伸，打造出自然、充满生机的居住空间。地面的茂盛植物与常青藤连接到一处，丰富了空间层次，使空间结构饱满而富有生机，整个空间充满了自然、恬静、盎然的气息。

色彩点评

■ 空间以绿色为主，大面积的爬藤植物与绿植营造出清新、自然的环境氛围。

■ 建筑以白色为主，呈现出干净、简约的视觉效果，在周围苍翠葱郁的绿植映衬下，更显雅致，打造出舒适、宜人、惬意的居住空间。

CMYK: 22,17,22,0
CMYK: 5,0,8,0
CMYK: 75,53,100,17

推荐色彩搭配

C: 2	C: 55
M: 2	M: 22
Y: 23	Y: 48
K: 0	K: 0

C: 71	C: 61
M: 62	M: 25
Y: 61	Y: 36
K: 13	K: 0

C: 46	C: 29
M: 47	M: 25
Y: 11	Y: 23
K: 0	K: 0

这是一处庭院花园的景观设计。茂盛的风车茉莉由地面蔓延到屋顶之上，并沿着建筑向四周蔓延，使空间景观结构更加饱满。苍翠的灌木与茉莉相映衬，丰富了空间景观的色彩，使空间整体更加和谐统一，打造出生动、自然、葱茏的景观效果。

色彩点评

■ 空间以绿色为主，大面积的爬藤植物与灌木使空间氛围更加鲜活、清爽、贴近自然，令人心旷神怡。

■ 棕色建筑朴素、自然，充满柔和的韵味，打造出舒适、惬意、放松的居住空间。

CMYK: 62,27,98,0
CMYK: 39,18,92,0
CMYK: 11,5,32,0
CMYK: 86,55,100,28

推荐色彩搭配

C: 20	C: 42
M: 48	M: 17
Y: 13	Y: 84
K: 0	K: 0

C: 41	C: 43
M: 5	M: 28
Y: 51	Y: 4
K: 0	K: 0

C: 49	C: 66
M: 38	M: 6
Y: 33	Y: 57
K: 0	K: 0

6.5　竹类

竹类植物生长迅速，挺拔坚韧、凌霜傲雪，集美学、文化、观赏价值于一身，是中国园林的重要设计元素。竹长青不败、枝叶苍翠，具有过滤空气、吸附污染、改善环境、调节心情等功能。常见的竹类有箬竹、凤尾竹、桂竹、斑竹、紫竹、湘妃竹、刚竹、小青竹、菲白竹、方竹等。

色彩调性： 清高、纯粹、神韵、生机。

常用主题色：

CMYK:61,37,71,0　CMYK:54,15,98,0　CMYK:80,43,66,2　CMYK:71,28,88,0　CMYK:53,27,99,0　CMYK:40,4,51,0

常用色彩搭配

CMYK: 54,15,98,0
CMYK: 36,26,40,0

CMYK: 61,18,29,0
CMYK: 71,45,85,4

CMYK: 61,37,71,0
CMYK: 12,9,9,0

CMYK: 53,27,99,0
CMYK: 40,4,51,0

灰色和翠绿色搭配，打造出柔和、自然、轻松的植物景观。

青蓝色和深绿色搭配，呈现出纯净的天空与自然之景，打造出贴近自然的惬意空间。

深绿和灰色搭配，营造出柔和而清爽的环境氛围，令人心旷神怡。

绿色和翠色搭配，打造出鲜活、葱茏、清爽的绿植景观，营造出自然、惬意、宜人的环境氛围。

配色速查

朴素	活力	经典	雅致

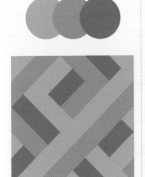 

CMYK: 45,23,82,0
CMYK: 63,29,55,0
CMYK: 60,55,67,5

CMYK: 49,7,95,0
CMYK: 68,6,70,0
CMYK: 31,21,24,0

CMYK: 90,86,78,70
CMYK: 0,0,0,0
CMYK: 71,28,88,0

CMYK: 21,15,16,0
CMYK: 52,63,97,11
CMYK: 50,20,67,0

　　这是一座中式庭院的景观设计。空间内的景观呈现出纤巧、轻盈、秀雅的韵味，通过植物与石材的巧妙组合，营造出清幽、静谧、悠然的环境氛围。亭亭玉立的青竹与一簇簇小巧精致的草植使空间充满清爽、葱郁的生命气息。小潭与岩石使景观更加古朴、更加贴近自然，打造出清幽、怡然的居住空间。

色彩点评

- 空间以绿色和灰色为主，古朴的木篱、岩石与苍翠的竹子、青草相映衬，打造出悠然、朴素、自然的庭院景观。
- 种类丰富、苍翠盎然的植物为空间注入了鲜活、清爽的生命气息，营造出清爽、自然、宜人的环境氛围。
- 青蓝的潭水与山石、绿植形成鲜明对比，使空间景观更具视觉吸引力，整体环境纯净、美好、自然。

CMYK: 27,23,20,0
CMYK: 56,16,91,0
CMYK: 85,60,98,39
CMYK: 64,57,43,0

推荐色彩搭配

C: 33	C: 71	C: 87	C: 58	C: 75	C: 18
M: 18	M: 28	M: 45	M: 36	M: 23	M: 15
Y: 70	Y: 88	Y: 90	Y: 98	Y: 100	Y: 14
K: 0	K: 0	K: 7	K: 0	K: 0	K: 0

　　这是一处日式茶室的景观设计。静谧、幽静的空间中种植着修长挺拔、青翠欲滴的翠竹，营造出雅致、充满韵味的环境氛围。古雅、别致的茶室在翠竹的掩映下更显出尘。整体环境清幽、悠然、富有禅意。

色彩点评

- 在这处空间环境中，青翠的青竹与草木占据大部分空间，环境幽静、清新。
- 茶室与栏杆呈现出古朴、柔和的灰色，与周围绿植搭配协调、自然，意境清幽、静谧，极具禅意。

CMYK: 38,14,70,0
CMYK: 77,36,95,0

推荐色彩搭配

C: 55	C: 64	C: 63	C: 65	C: 55	C: 60
M: 14	M: 57	M: 29	M: 7	M: 22	M: 60
Y: 98	Y: 49	Y: 55	Y: 80	Y: 48	Y: 80
K: 0	K: 1	K: 0	K: 0	K: 0	K: 13

这是一处中式庭院的景观设计。在围墙边设立竹箱，将竹子植栽其中，打破了地形的限制。在规整的矩形区域内进行设计，呈现出整齐、平稳、有序的景观效果，具有一种中正、祥和的韵味。整个景观空间清雅、幽静。

色彩点评

- 空间以绿色为主，亭亭玉立、青翠欲滴的竹子为空间营造出清新、雅致、高洁的环境氛围。
- 原木色的竹箱与鲜活的植物相映衬，使空间景观更加宜人、古朴、贴近自然。
- 苍白色的围墙古朴、沉静，在其衬托下，青竹更加鲜活、苍翠，充满自然、灵动的生命气息。

CMYK: 64,15,85,0
CMYK: 73,73,70,37
CMYK: 49,63,70,4
CMYK: 69,62,53,6

推荐色彩搭配

C: 38	C: 61
M: 7	M: 40
Y: 89	Y: 92
K: 0	K: 0

C: 69	C: 19
M: 42	M: 14
Y: 100	Y: 10
K: 2	K: 0

C: 76	C: 68
M: 46	M: 7
Y: 37	Y: 99
K: 0	K: 0

这是一处办公建筑外的景观设计。将竹子种植在石坛中，规整有序的排列方式有序、理性，与办公环境严谨、理性的主题相适应。亭亭玉立的竹子与建筑前圆润、光滑的鹅卵石塑造出贴近自然、古朴、清爽的植物景观效果。

色彩点评

- 空间中葱郁青翠的青竹为空间增添了鲜活、自然的气息，营造出清爽、自然、宜人的环境氛围。
- 地面铺设的大块鹅卵石呈现为灰色，充满古朴、沉静的韵味，与青翠的竹子相映衬，呈现出柔和、古朴、清净的景观效果。

CMYK: 34,25,24,0
CMYK: 58,12,84,0

推荐色彩搭配

C: 72	C: 40
M: 73	M: 4
Y: 66	Y: 51
K: 31	K: 0

C: 55	C: 22
M: 22	M: 26
Y: 48	Y: 23
K: 0	K: 0

C: 87	C: 71
M: 45	M: 63
Y: 90	Y: 60
K: 7	K: 12

6.6　草坪

　　草坪是指由人工铺植、培养，起到绿化、美化环境作用的绿地，可以与其他植物组合在一起形成层次丰富、结构饱满的绿植景观，是现代园林景观的重要组成部分，也是衡量一个国家和城市文明程度的标准之一。草坪具有美化环境、净化空气、观赏休息、保持水土、提供休闲活动空间等功能。常见的草坪绿植有天鹅绒草、三叶草，黑麦草、四季青、狗牙根草、地毯草、钝叶草、结缕草、麦冬草等。

色彩调性：生长、积极、鲜艳、舒适。

常用主题色：

CMYK:55,14,98,0　　CMYK:58,36,98,0　　CMYK:84,49,100,12　　CMYK:58,17,67,0　　CMYK:73,47,99,7　　CMYK:36,5,75,0

常用色彩搭配

CMYK：55,14,98,0 CMYK：73,47,99,7	CMYK：83,36,100,1 CMYK：38,7,89,0	CMYK：68,7,99,0 CMYK：17,5,12,0	CMYK：36,5,75,0 CMYK：51,74,89,18
黄绿色搭配深绿，提升了景观的层次感，呈现出葱郁，生机，自然的景观效果。	同类色的搭配使空间的景观更加和谐、统一，充满生机的绿色营造出鲜活的环境氛围。	绿色搭配月白色，给人一种清新、惬意之感，营造出更为舒适、宜人的环境。	黄绿色和褐色是两种对比强烈的颜色，搭配在一起充满活力。

配色速查

自然	强烈	稳重	鲜艳

  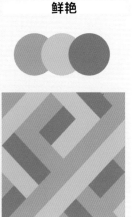

| CMYK：50,19,23,0
CMYK：5,3,4,0
CMYK：75,51,100,14 | CMYK：24,11,72,0
CMYK：80,43,66,2
CMYK：90,86,78,70 | CMYK：54,79,91,27
CMYK：87,45,90,7
CMYK：21,15,16,0 | CMYK：61,25,36,0
CMYK：38,7,89,0
CMYK：71,45,85,4 |

这是一处屋顶花园的景观设计。空间以柔和的弧形作为主要设计元素，草坪呈流畅的弧线形。柔和的曲线使空间更加自然、柔和、温馨，营造出自然、宜人、温馨的环境氛围。两侧的绿植与草坪相映衬，使空间景观结构更加饱满且层次分明。整体空间氛围清新、自然、富有生机。

色彩点评

- 空间以绿色为主，大面积的草坪与绿植鲜活而自然。
- 草坪两侧的棕色隔断既丰富了空间的色彩，又使空间布局层次分明、打造出朴素、自然的景观效果。
- 深红色与灰色的石材装饰丰富了空间景观的色彩，与周围的绿植形成鲜明对比，使空间景观更具视觉吸引力。

CMYK: 86,55,100,26
CMYK: 36,69,71,0
CMYK: 18,9,3,0
CMYK: 61,96,86,56

推荐色彩搭配

C: 69	C: 10
M: 52	M: 4
Y: 97	Y: 2
K: 12	K: 0

C: 51	C: 83
M: 7	M: 36
Y: 75	Y: 100
K: 0	K: 1

C: 82	C: 43
M: 77	M: 5
Y: 79	Y: 89
K: 60	K: 0

这是一处城市公园的景观设计。大面积的草坪充满清新、自然的气息，营造出柔和、惬意、轻松的环境氛围。草坪中央设有锁链状的水池，是此处空间的视线焦点，极具辨识性与吸引力。澄澈的池水使空间富有活力与生命的气息。

色彩点评

- 空间以绿色为主，大面积的草坪与葱郁的树木自然、清爽、令人心旷神怡。
- 银色的水池小品与周围的绿地形成鲜明对比，具有较强的视觉吸引力与辨识度。

CMYK: 59,30,93,0
CMYK: 11,8,8,0

推荐色彩搭配

C: 49	C: 84
M: 7	M: 57
Y: 95	Y: 96
K: 0	K: 28

C: 83	C: 27
M: 51	M: 24
Y: 100	Y: 5
K: 16	K: 0

C: 43	C: 65
M: 58	M: 7
Y: 60	Y: 80
K: 0	K: 0

这是一处住宅区域的景观设计，在矩形的区域内设置半圆状的草坪，呈现出柔和、自然的景观效果，营造出宜人、惬意、清爽的环境氛围。道路周围种植的葱茏树木与草坪相互呼应，使整体环境更加自然、清爽。圆形的水池使空间更显规整、和谐，打造出自然、清新、宜人的居住空间。

色彩点评

- 空间以绿色为主色，大面积的草坪与树木鲜活、自然，令人心情放松。
- 地面呈现出柔和的米白色，视觉冲击力较小，在周围绿植的映衬下，打造出柔和、温馨的居住空间。
- 青蓝色的池水丰富了空间的色彩，使景观更具视觉冲击力，整体空间灵动、和谐。

CMYK: 62,37,100,0
CMYK: 82,53,100,20
CMYK: 1,0,6,0
CMYK: 58,24,56,0

推荐色彩搭配

C: 11　C: 41
M: 8　　M: 13
Y: 8　　Y: 70
K: 0　　K: 0

C: 44　C: 61
M: 15　M: 25
Y: 57　Y: 36
K: 0　　K: 0

C: 64　C: 63
M: 23　M: 0
Y: 99　Y: 25
K: 0　　K: 0

这是一处住宅区的景观设计，区域景观被划分为几个不同的部分，独特、别致的造型具有较强的视觉吸引力，营造出灵动、清新、自然的环境氛围。空间内的道路迂回婉转，柔和的曲线元素自然、轻松，打造出放松、舒适的居住空间。

色彩点评

- 空间大面积的草坪与绿植鲜活、自然，营造出清新、舒适、惬意的景观效果。
- 灰色的路面柔和、内敛，在周围绿植的映衬下，呈现出柔和、沉稳、平静的视觉效果。
- 娱乐设施的色彩较为鲜艳夺目，具有较强的视觉冲击力，使空间气氛更加活跃。

CMYK: 67,20,100,0
CMYK: 88,51,100,19
CMYK: 16,12,11,0

推荐色彩搭配

C: 54　C: 80
M: 100　M: 43
Y: 71　Y: 66
K: 29　K: 2

C: 71　C: 71
M: 63　M: 28
Y: 60　Y: 88
K: 14　K: 0

C: 29　C: 87
M: 6　　M: 45
Y: 39　Y: 90
K: 0　　K: 7

6.7 花卉

花卉是植物景观重要的组成部分，具有观赏价值和装饰功能。将花卉应用到景观设计中，通过巧妙的布置，可以展现出植物的自然美和色彩美，营造出惬意、放松、宜人的环境氛围。花卉还具有美化环境、改善生态、舒缓情绪的功能。常见的花卉有玉兰，桃花，百日菊、秋海棠、绣球、一串红、芍药、花叶万年青、美人蕉、风信子、郁金香、荷花等。

色彩调性： 浪漫、美好、鲜艳、活力。

常用主题色：

CMYK:12,24,87,0　CMYK:6,30,24,0　CMYK:46,47,11,0　CMYK:15,98,99,0　CMYK:19,8,42,0　CMYK:63,29,55,0

常用色彩搭配

CMYK: 8,71,53,0
CMYK: 6,30,24,0

绯色和粉色搭配，可以
打造出绚丽、清新、活
泼的空间景观。

CMYK: 12,24,87,0
CMYK: 63,29,55,0

黄色和青色搭配，可以
强化景观的视觉冲击
力，活跃空间的气氛。

CMYK: 36,29,9,0
CMYK: 6,28,5,0

紫色和粉色搭配，呈现
出浪漫，温馨之感，使
环境的氛围更显雅致。

CMYK: 19,8,42,0
CMYK: 84,57,96,28

黄色和墨绿搭配，给人
一种质朴、脱俗、宁静
的感觉，烘托了幽静、
柔和的氛围。

配色速查

浪漫	气质	文艺	花海

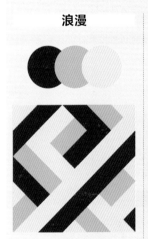

CMYK: 28,91,81,0
CMYK: 15,16,72,0
CMYK: 6,7,17,0

CMYK: 14,22,8,0
CMYK: 65,53,11,0
CMYK: 60,21,60,0

CMYK: 6,30,24,0
CMYK: 19,8,42,0
CMYK: 50,20,67,0

CMYK: 36,29,9,0
CMYK: 75,51,100,14
CMYK: 12,24,87,0

这是一座公园的景观设计。空间内种类丰富、色彩绚丽的花卉打造出秀丽、壮阔的植物景观。花卉与植物划分规整、有序，富有韵律感，营造出绚丽、宜人的环境氛围，空间景观整体整齐而不失浪漫。

色彩点评

■ 空间以绿色为主，大面积的绿色草坪与高大树木鲜活、富有生机，营造出清新、轻松、自然的环境氛围。

■ 花卉色彩丰富，与绿植形成鲜明对比，使空间景观更具视觉冲击力，令人赏心悦目。

CMYK: 65,15,89,0
CMYK: 85,51,100,17
CMYK: 33,96,84,1
CMYK: 14,4,74,0
CMYK: 18,56,12,0

推荐色彩搭配

C: 12	C: 84
M: 24	M: 57
Y: 87	Y: 96
K: 0	K: 28

C: 6	C: 39
M: 30	M: 5
Y: 24	Y: 72
K: 0	K: 0

C: 36	C: 44
M: 29	M: 5
Y: 9	Y: 43
K: 0	K: 0

这是一处城市住宅区域的景观设计。空间中大面积的草坪与葱郁的树木奠定了自然、清爽的气氛基调。独特别致的小品中栽种着秀丽、娇艳的花卉，既丰富了空间景观的色彩，又使空间更具吸引力与辨识度，营造出鲜活、灵动、绚丽的景观效果，打造出舒适、轻松、惬意、温馨的居住空间。

色彩点评

■ 空间中大面积的绿色草坪与树木使得空间充满自然、鲜活的气息，打造出惬意、自然、宜人的空间景观。

■ 白色的花坛小品在周围绿植的映衬下更具辨识性，并与白色的建筑相呼应，展现出干净、简约、优雅的景观效果，让人赏心悦目、放松心情。

■ 浅色的石质小路极具古朴、自然的气息，柔和的曲线使空间氛围更加平和、温馨。

CMYK: 77,54,100,19
CMYK: 9,5,2,0
CMYK: 9,14,19,0

推荐色彩搭配

C: 15	C: 8
M: 18	M: 71
Y: 10	Y: 53
K: 0	K: 0

C: 19	C: 60
M: 8	M: 21
Y: 42	Y: 60
K: 0	K: 0

C: 6	C: 46
M: 28	M: 47
Y: 5	Y: 11
K: 0	K: 0

这是一座庭院花园的景观设计。空间中种类丰富、色彩绚丽的植物与花卉塑造出优美、鲜活、娟丽的植物景观效果，营造出轻松、惬意的环境氛围，令人心旷神怡。丰富的植物花卉使空间结构饱满丰富、极具视觉冲击力。

色彩点评

- 空间中葱郁、青翠的绿植使环境充满鲜活与自然的韵味，营造出柔和、舒适的环境氛围。
- 鲜艳秀丽的花卉与绿植形成鲜明对比，增强了空间景观的视觉冲击力，使整个空间更加柔和、清新、自然。

CMYK: 27,97,90,0
CMYK: 80,55,100,24
CMYK: 26,11,70,0
CMYK: 8,7,24,0

推荐色彩搭配

C: 15	C: 61
M: 98	M: 37
Y: 99	Y: 69
K: 0	K: 0

C: 36	C: 2
M: 5	M: 0
Y: 83	Y: 2
K: 0	K: 0

C: 24	C: 18
M: 95	M: 53
Y: 90	Y: 78
K: 0	K: 0

这是一座庄园的景观设计。小径两侧种植大量的绣球与绿植，营造出唯美、清新、自然的环境氛围。高矮错落的植物花卉使空间结构更加饱满丰富，更富有层次感。利用秀丽、鲜活、娇艳的绿植与花卉为居住空间带来宜人、浪漫、富有意趣的环境氛围。

色彩点评

- 空间中大面积的绿植为空间注入了生命的气息，使空间氛围更加鲜活、富有活力。
- 建筑与小路呈现出柔和、朴素的棕色，与周围的绿植搭配，更加贴近自然。
- 多彩的绣球花在绿植的映衬下更显娇艳、秀丽，打造出柔和、绚丽、浪漫的植物景观效果。

CMYK: 67,30,100,0
CMYK: 56,51,54,0
CMYK: 57,41,0,0
CMYK: 14,43,0,0
CMYK: 15,6,28,0

推荐色彩搭配

C: 33	C: 6
M: 83	M: 30
Y: 38	Y: 24
K: 0	K: 0

C: 17	C: 26
M: 13	M: 27
Y: 12	Y: 2
K: 0	K: 0

C: 7	C: 44
M: 8	M: 35
Y: 23	Y: 97
K: 0	K: 0

7

景观设计经典技巧

景观设计技术涉及多种学科，包括美学、人文、绿化等，为了获得美学和实用兼备的效果，在设计中注重细节的添加可以为设计作品增光添彩。

在人行道的边缘种植树木，可以陶冶人们的审美情趣和情操，给人以美的享受，还可以为行人遮阴，避免日光暴晒，做到以人为本，服务于人。

这是一段林间小路，春季的花园一片欣欣向荣，满眼的绿色使人仿佛置身于画中，漫步于树荫之下，让人心情舒畅。

色彩点评

- 树木高大、舒展，初春季节黄绿色的树叶，给人一种朝气蓬勃的感觉。
- 黄绿色与绿色为同类色，两种颜色给人一种和谐、舒适的视觉感受。

CMYK: 28,18,0,0　　CMYK: 82,52,100,17
CMYK: 61,70,67,20

推荐色彩搭配

C: 81	C: 65	C: 50	C: 75	C: 32	C: 52
M: 56	M: 27	M: 71	M: 55	M: 25	M: 6
Y: 100	Y: 100	Y: 85	Y: 100	Y: 88	Y: 85
K: 28	K: 0	K: 13	K: 22	K: 0	K: 0

这是花园的一段小路，路边种植着小树，这样既能增加空间的私密性，让空间内容更加丰富，还具有遮阳的功能。

色彩点评

- 地面石材铺装呈现灰色调，给人一种干净、简约、质朴的感觉。
- 绿植让空间更富有生活情趣，具有灵动感。

CMYK: 20,15,19,0　　CMYK: 70,48,100,8

推荐色彩搭配

C: 55	C: 77	C: 60	C: 40	C: 50	C: 78
M: 42	M: 60	M: 40	M: 35	M: 70	M: 65
Y: 61	Y: 100	Y: 95	Y: 44	Y: 89	Y: 100
K: 0	K: 32	K: 0	K: 0	K: 15	K: 45

7.2 利用绿篱增强空间私密性

在空间的边界，通过绿篱作为装饰可以弱化空间的边界，而且绿篱能够增加边界的高度，从而增加空间的私密性。

在该空间中，通过绿篱增加了边界的高度，形成一面景墙，让空间的包围感、私密感更强。

色彩点评

- 绿植搭配黄褐色的地面让人联想到森林，感觉到放松、舒畅。
- 花坛阶梯式排列，丰富了空间的层次感。
- 地面铺装采用同类色的配色方式，整体色彩协调，富有层次感。

CMYK: 57,65,82,17
CMYK: 60,30,100,0

推荐色彩搭配

C: 22 C: 60
M: 26 M: 47
Y: 38 Y: 99
K: 0 K: 3

C: 35 C: 74
M: 40 M: 53
Y: 40 Y: 100
K: 0 K: 18

C: 67 C: 75
M: 47 M: 63
Y: 100 Y: 100
K: 5 K: 40

这是一个屋顶花园的休息区，以植物作为背景，让空间的私密性更强，也为空间营造了更加丰富的生活情趣。

色彩点评

- 整个空间的颜色饱和度偏低，绿色搭配原木色调，朴素、自然。
- 蓝灰色的户外家具是整个空间的亮点，干净、清爽的色彩让空间更加活泼。

CMYK: 40,38,38,0
CMYK: 70,50,100,11
CMYK: 68,52,30,0

推荐色彩搭配

C: 47 C: 55
M: 55 M: 47
Y: 66 Y: 27
K: 1 K: 0

C: 15 C: 75
M: 23 M: 55
Y: 18 Y: 100
K: 0 K: 20

C: 65 C: 35
M: 75 M: 16
Y: 88 Y: 80
K: 44 K: 0

在景区、公园、学校等一些人行小路需要将路设计成曲线或折线，这样能够放慢赏景的速度或延长赏景的时间。在一些公园内常有滑板、滑旱冰的人，这样可以减少速度过快带来的危险。

这是一条公园中的小路，位于缓坡之上。折线的造型带着力量感、现代感，这样的设计可以降低人的行走速度，增加停留时间。

色彩点评

- 整个环境以草坪为主，大面积的草坪让空间看起来更加开阔，绿色给人一种清新、活泼的感觉。
- 灰色调的地面铺装让颜色有了对比，层次更加分明。

CMYK: 45,30,98,0　　CMYK: 60,52,40,0

推荐色彩搭配

C: 41	C: 47
M: 41	M: 35
Y: 37	Y: 18
K: 0	K: 0

C: 80	C: 57
M: 65	M: 47
Y: 100	Y: 77
K: 47	K: 1

C: 55	C: 65
M: 55	M: 37
Y: 75	Y: 100
K: 5	K: 0

这是一段曲线的小路，通过建筑和草坪的造型，让曲线的小路形成不规则的曲线线条，让整个空间环境更具韵律感、灵动感。

色彩点评

- 小路的颜色和建筑的颜色相呼应，给人一种统一的视觉感受。
- 建筑和小路的色彩明度较低，给人一种严肃、理性的感觉，通过绿植作为点缀，为整个环境增添了自然气息。

CMYK: 55,47,49,0　　CMYK: 72,58,100,25

推荐色彩搭配

C: 78	C: 73
M: 70	M: 62
Y: 63	Y: 100
K: 28	K: 35

C: 85	C: 60
M: 81	M: 40
Y: 70	Y: 100
K: 53	K: 0

C: 40	C: 75
M: 20	M: 60,
Y: 98	Y: 100,
K: 0	K: 32

古今中外在景观设计中，对水景的营造都极为重视，水景的表现形式多种多样，能够和自然景观和人造景观相融合，通过水景能够让景观更具趣味性。

这是一个圆形的水景设计，通过喷泉增加了水景的灵动感，为整个景观环境增添了生机和活力。

色彩点评

- 整个景观植物茂密，富有生活气息。
- 浅灰色的地面铺装与绿色形成鲜明对比，为整个环境增添了一抹亮色。

CMYK: 80,45,100,8　CMYK: 6,5,6,0

推荐色彩搭配

C: 80	C: 66
M: 45	M: 53
Y: 100	Y: 100
K: 6	K: 13

C: 85	C: 22
M: 53	M: 18
Y: 100	Y: 27
K: 23	K: 0

C: 15	C: 83
M: 13	M: 60
Y: 15	Y: 65
K: 0	K: 20

这是空中花园的一处水景设计，跌水的造型为空间增添了动势，让整体氛围更显灵动。木格栅通过间隙增强了空间的"透气感"，既可以保证空间的私密性，还可以避免狭窄空间的憋闷感。

色彩点评

- 整个空间以红褐色为主色调，色调朴素、温和。
- 木饰面的装饰和地面铺装颜色相呼应。
- 浅色的地面铺装让空间更有层次感。

CMYK: 45,58,63,0　CMYK: 22,15,20,0

推荐色彩搭配

C: 65	C: 22
M: 73	M: 16
Y: 73	Y: 20
K: 33	K: 0

C: 60	C: 57
M: 72	M: 45
Y: 85	Y: 45
K: 27	K: 0

C: 71	C: 62
M: 55	M: 55
Y: 85	Y: 52
K: 16	K: 1

7.5 高低错落打造绿植层次感

在对屋顶花园、小院这类面积较小的空间设计景观时，因为面积的局限性可以利用纵向的空间，让空间更有层次感。

这是位于私人花园一角的花池，面积不大，通过植物的高低错落让花园有纵向延伸的效果，形成了高低错落的层次感。

色彩点评

- 灰色调的花池和建筑色彩统一，整个环境的氛围没有违和感。
- 花池中的绿植均为赏叶植物，植物色彩明度的变化给人丰富的视觉感受。

CMYK: 55,42,37,0　　CMYK: 15,8,16,0
CMYK: 83,55,100,28　CMYK: 80,80,70,5

推荐色彩搭配

C: 50　C: 22
M: 40　M: 11
Y: 32　Y: 18
K: 0　　K: 0

C:　　C:
M:　　M:
Y:　　Y:
K:　　K:

C: 80　C: 45
M: 60　M: 35
Y: 88　Y: 30
K: 26　K: 0

这是一条景观带，通过地面草坪、花坛中的草、树形成丰富的层次感。地面匍匐的草坪边缘呈现不规则的形状，可以柔化花坛边缘的生硬感。

色彩点评

- 灰色的墙面、红褐色的地面颜色纯度较低，给人一种复古、陈旧的感觉，这条景观带的加入，为其注入了活力。
- 灰色的花池为环境增加了严肃感、庄严感。

CMYK: 35,44,40,0　　CMYK: 36,44,40
CMYK: 77,40,99,2

推荐色彩搭配

C: 75　C: 72
M: 44　M: 58
Y: 100　Y: 50
K: 11　K: 3

C: 55　C: 78
M: 10　M: 44
Y: 73　Y: 100
K: 0　　K: 5

C: 70　C: 27
M: 27　M: 20
Y: 88　Y: 21
K: 0　　K: 0

7.6 户外家具的颜色选择

在一些私人花园、景区休息区都会放置户外家具，选择户外家具不仅要考虑款式、质量、价格、舒适度，还要考虑色彩。户外家具的色彩可以选择与建筑颜色统一的色彩，营造协调统一的氛围，还可以用户外家具作为整个环境的点缀色，让空间氛围变得更加轻松、活跃。

在这个作品中户外的餐桌、餐椅选择了与周围环境相同的色调，让整个环境的风格保持统一。

色彩点评

■ 整个空间为白色调，搭配浅色防腐木，给人一种轻盈、简约的美感。

■ 该作品整体采用极简风格，没有过多的颜色作点缀，整个空间简洁、优雅。

CMYK: 35,22,16　　CMYK: 57,55,50,0

推荐色彩搭配

C: 9	C: 47		C: 35	C: 0		C: 35	C: 9
M: 7	M: 43		M: 23	M: 0		M: 14	M: 7
Y: 8	Y: 38		Y: 18	Y: 0		Y: 4	Y: 7
K: 0	K: 0		K: 0	K: 0		K: 0	K: 0

该露台花园休息区，从周围的环境能够感受到花园被岁月侵蚀的痕迹。但是通过现代感十足的户外家具让空间获得了新生。

色彩点评

■ 整个环境色彩饱和度和明度较低，白色的家具能够提高空间的明度。

■ 粉红色的抱枕是整个空间的点缀色，让整个空间更具有生活情趣。

CMYK: 60,58,65,6　　CMYK: 30,17,14,0
CMYK: 22,75,52,0

推荐色彩搭配

C: 58	C: 13		C: 25	C: 50		C: 9	C: 37
M: 50	M: 10		M: 28	M: 35		M: 5	M: 85
Y: 50	Y: 9		Y: 40	Y: 30		Y: 7	Y: 66
K: 0	K: 0		K: 0	K: 0		K: 0	K: 1

所用石材的不同，其色彩也不尽相同，石材的选择不仅需要从材质上进行选择，还需要考虑颜色是否与整体环境协调一致。

这是一个欧式风格的别墅，红褐色调的石材与建筑的颜色相互映衬，给人一种统一、协调的视觉感受。

色彩点评

- 整个环境朴素、大方，通过绿植作为环境的点缀，生机盎然。
- 红褐色的石材搭配浅色调的墙面，给人一种优美、典雅的感觉。

CMYK: 63,68,73,23　CMYK: 80,60,100,35
CMYK: 45,73,80,8

推荐色彩搭配

C: 65	C: 85
M: 68	M: 65
Y: 72	Y: 100
K: 25	K: 50

C: 40	C: 55
M: 45	M: 67
Y: 70	Y: 87
K: 0	K: 16

C: 47	C: 100
M: 73	M: 100
Y: 78	Y: 100
K: 9	K: 100

这是沙漠植物区的景观，花坛中红褐色的饰面让人联想到沙漠与隔壁，这样的设计与整个环境的氛围相吻合。

色彩点评

- 灰色调的地面铺装颜色明度较高，与周围环境形成反差。
- 地面部分色彩纯度较低，给人一种质朴、亲切的感觉。

CMYK: 46,73,79,8　CMYK: 65,68,55,8
CMYK: 45,73,80,8

推荐色彩搭配

C: 60	C: 40
M: 58	M: 36
Y: 52	Y: 37
K: 1	K: 0

C: 65	C: 35
M: 72	M: 36
Y: 70,	Y: 38
K: 28	K: 0

C:	C:
M:	M:
Y:	Y:
K:	K:

7.8 利用台阶增强花园层次感

　　台阶通常运用在有高差的位置，但是在一些面积较小的花园或露台中，通过人工方式添加台阶制造高差进行造景，能够丰富空间的层次，也可以利用其进行空间的划分，让环境更具有条理性。

　　该下沉式庭院，通过台阶把休息区从院子中划分出来，形成一个相对独立的空间。通过层次的变化突出了休息区，让整个庭院主次分明。

色彩点评

■ 绿色的草坪让整个空间更加开阔，整个空间被绿色包围，更加贴近自然。

■ 地面的草坪和高大的乔木形成鲜明的反差，让空间感更强。

CMYK: 60,45,92,2
CMYK: 20,9,15,0

推荐色彩搭配

C: 50	C: 20
M: 35	M: 9
Y: 75	Y: 15
K: 0	K: 0

C: 9	C: 44
M: 35	M: 35
Y: 72	Y: 40
K: 0	K: 0

C: 65	C: 75
M: 75	M: 60
Y: 72	Y: 100
K: 35	K: 30

　　这是一个空中花园的用餐区，通过人工添加台阶的方式让空间形成高差，并通过种植绿色蔬菜，让环境更显自然、生态。

色彩点评

■ 整个空间环境以灰色调的防腐木作为主色调，整体给人一种温和、自然、舒适的感觉。

■ 白色搭配蓝色的家具为空间注入活力，让用餐区成为整个空间的视觉重心。

CMYK: 40,33,34,0　　CMYK: 80,61,28,0
CMYK: 75,50,100,15

推荐色彩搭配

C: 57	C: 23
M: 50	M: 17
Y: 50	Y: 15
K: 0	K: 0

C: 50	C: 75
M: 40	M: 57
Y: 43	Y: 20
K: 0	K: 0

C: 20	C: 65
M: 14	M: 38
Y: 13	Y: 90
K: 0	K: 0

景墙起到分割空间、烘托氛围的作用。可分为围墙、隔断、景观墙三种类型。景墙的处理方式不能过于呆板，应该同时具有实用性和观赏性。

这是位于露台的一面景墙，高大的景墙保护了空间的隐私，通过木格栅的间隙形成通透感，避免了高墙带来的压迫感。

色彩点评

■ 红褐色的木质材料，给人一种质朴、儒雅的感觉，天然流畅的木纹理让人感受到了轻松、自在。

■ 木格栅添加了不规则的花盆，通过不同的绿植进行点缀，增加了空间的生活情趣。

CMYK: 55,80,96,37
CMYK: 66,40,97,1

推荐色彩搭配

C: 30	C: 60
M: 35	M: 80
Y: 40	Y: 87
K: 0	K: 45

C: 17	C: 50
M: 43	M: 80
Y: 76	Y: 100
K: 0	K: 23

C: 80	C: 58
M: 55	M: 78
Y: 100	Y: 76
K: 23	K: 30

这是一段围墙，墙体可分为上下两部分，下半部为砖墙，上半部通过木质栅栏进行加高，这样既能够保证美观，又可以保证安全，还可以利用栅栏的空隙增加通透感，不至于让空间过于憋闷。

色彩点评

■ 整个空间色彩对比较弱，明度较高，给人一种干净、简洁的视觉感受。

■ 在墙下种植绿植，能够弱化墙面冰冷、生硬的感觉。

CMYK: 22,22,30,0   CMYK: 62,50,80,6

推荐色彩搭配

C:	C:
M:	M:
Y:	Y:
K:	K:

C: 72	C: 25
M: 55	M: 30
Y: 100	Y: 40
K: 18	K: 0

C: 15	C: 66
M: 17	M: 50
Y: 25	Y: 80
K: 0	K: 6

7.10 尊重自然打造地域性景观

　　地域景观不同自然景观、风土人情也会不同，在景观设计的过程中要学会尊重自然，与自然和平相处，并善用符合当地自然条件的植物，打造符合当地特色的地域性景观。

　　这是一家位于墨西哥的酒店景观设计，在房屋下随意种植着仙人掌、仙人球等热带植物，这样的设计能够更符合当地的审美习惯。因为当地植物更能适应当地环境，所以可以减少养护成本。

色彩点评

■ 建筑为黄褐色调，色彩饱和度较低，可使人联想到干涸的土地、戈壁。

■ 通过绿植作为点缀能够美化环境，起到装饰的作用，为原本单调的色彩增添活力。

CMYK: 50,48,60,0
CMYK: 60,55,100,10

推荐色彩搭配

C: 43	C: 66
M: 43	M: 60
Y: 45	Y: 55
K: 0	K: 5

C: 42	C: 75
M: 43	M: 60
Y: 55	Y: 100
K: 0	K: 33

C: 63	C: 60
M: 70	M: 50
Y: 87	Y: 90
K: 37	K: 4

　　这是位于热带地区酒店入口，在这个空间环境中选择用当地比较常见的植物作为点缀，能够让外地游客体会到当地的风情。

色彩点评

■ 绿植高低错落形成纵向空间的层次感。

■ 植物的多样性让叶子的颜色也有所不同，最大限度地丰富了环境的色彩。

CMYK: 66,45,100,4　　CMYK: 35,40,42,0
CMYK: 48,73,80,10

推荐色彩搭配

C: 80	C: 55
M: 60	M: 43
Y: 89	Y: 85
K: 32	K: 0

C: 50	C: 35
M: 35	M: 45
Y: 88	Y: 52
K: 0	K: 0

C: 60	C: 13
M: 52	M: 22
Y: 100	Y: 30
K: 7	K: 0

将各类植物，采用扭曲、修剪、盘扎等方式，培育成优美形状的技艺称为造型，通过造型制作立体花坛，可以形成独特的景观。

在这个作品中将植物制作成水壶和铲子的形状，这样的造型与园艺主题相呼应。

色彩点评

■ 在这处立体花园中，以绿色为主色调，黄色作为点缀色，整体色彩给人一种朝气蓬勃的感觉。

CMYK: 80,60,100,40
CMYK: 7,30,90,0

推荐色彩搭配

C: 65	C: 4
M: 15	M: 25
Y: 83	Y: 85
K: 0	K: 0

C: 63	C: 45
M: 30	M: 19
Y: 88	Y: 95
K: 0	K: 0

C: 75	C: 35
M: 53	M: 42
Y: 80	Y: 57
K: 15	K: 0

在这个作品中将柔软的树枝制作成穹顶形状，形成一个半封闭的空间，在内部摆上座椅，其功能和凉亭类似，但是它确是"活"的、有生命力的。

色彩点评

■ 这个立体花园不仅可以用来观赏，还具有遮阴的功能。

■ 灰色调的地面铺装是整个空间明度最高的色彩，具有引导、指引的功能。

CMYK: 75,48,98,10　　CMYK: 15,20,25,0

推荐色彩搭配

C: 58	C: 27
M: 40	M: 55
Y: 75	Y: 77
K: 0	K: 0

C: 66	C: 65
M: 55	M: 88
Y: 100	Y: 100
K: 15	K: 60

C: 62	C: 83
M: 57	M: 55
Y: 60	Y: 100
K: 5	K: 30

观赏植物不仅可以观花，还可选择一些叶子比较漂亮的植物观叶，这样不仅能够丰富植物的多样性，还可以通过植物的组合延长观赏期。

这是花园的一角，植物配置多样，高低错落有致，观叶植物和观花植物相结合，让花园色彩和层次更加丰富。

色彩点评

- 植物不同，其叶片呈现的绿色也不同，近处的为黄绿色，远处的为深绿色，这让花园颜色形成对比，让花园形成丰富的层次感。
- 在绿色的陪衬下，白色的花朵显得纯洁而干净。

CMYK: 62,38,100,0　　CMYK: 80,65,100,47
CMYK: 0,0,0,0

推荐色彩搭配

C: 88	C: 55
M: 70	M: 16
Y: 95	Y: 80
K: 60	K: 0

C: 92	C: 65
M: 60	M: 35
Y: 100	Y: 100
K: 45	K: 0

C: 70	C: 7
M: 45	M: 4
Y: 100	Y: 1
K: 6	K: 0

在这个屋顶花园中，植物种植在围墙下面，这样能够将有限的空间留给休闲区，而且具有柔化边界的效果。

色彩点评

- 花园中植物种类繁多，灌木、乔木、观叶植物、观花植物组合成了一个精致小巧的花园。
- 花园以绿色为主色调，以花朵的颜色作为点缀，形成了一道亮丽的风景线。

CMYK: 72,50,100,9　　CMYK: 38,36,35,0
CMYK: 0,0,0,0

推荐色彩搭配

C: 16	C: 70
M: 16	M: 50
Y: 17	Y: 98
K: 0	K: 9

C: 32	C: 9
M: 30	M: 8
Y: 30	Y: 6
K: 0	K: 0

C: 60	C: 0
M: 40	M: 0
Y: 77	Y: 0
K: 0	K: 0

　　为了避免景观效果的单调、雷同，通过选择不同的植物形成春季繁花似锦，夏季绿树成荫，秋季颜色多变，冬季银装素裹的自然景观，让景观随着季节的变化而变换。

　　在这个花园中，秋天来临，其他草木枯黄，而墙面攀爬的植物叶片却变为鲜艳的正红，成为整个花园的焦点，为花园增添了一抹亮色。

色彩点评

■ 白色的墙面衬托红色的叶片热情似火。

■ 其他植物也从绿色变为黄色、黄绿色，从清新可爱变为温暖含蓄。

CMYK: 20,13,12,0　　CMYK: 70,33,88,0
CMYK: 15,95,88,0

推荐色彩搭配

C: 50　C: 0
M: 68　M: 89
Y: 95　Y: 80
K: 13　K: 0

C: 40　C: 27
M: 35　M: 70
Y: 90　Y: 95
K: 0　K: 0

C: 10　C: 60
M: 95　M: 35
Y: 95　Y: 100
K: 0　K: 0

　　这是一个日式风格的景观设计作品，庭院中以草木为主，细节丰富且细腻，伴着潺潺流水让人心旷神怡。

色彩点评

■ 随着秋天的到来，树叶的颜色也发生了变化，紫红色的叶片成了庭院中的主角。

■ 紫红色与绿树呼应映衬，让整个环境多了几分欢乐气氛。

CMYK: 50,17,90,0　　CMYK: 25,25,15,0
CMYK: 44,92,63,4

推荐色彩搭配

C: 70　C: 40
M: 90　M: 66
Y: 60　Y: 66
K: 35　K: 0

C: 70　C: 55
M: 44　M: 92
Y: 100　Y: 60
K: 3　K: 15

C: 45　C: 55
M: 97　M: 20
Y: 100　Y: 83
K:　　K:

汀步具有方便人们行走、观景的作用，通过与空间中其他景观的互动配合，丰富了人们在花园绿地及自然景观中的行走体验和视觉体验。

在这个空间环境中，圆角矩形的踏步石圆润、可爱，整齐的排列给人一种秩序的美感。

色彩点评

■ 灰色的石材给人一种朴素、温和、轻松的感觉。

■ 草地包围着踏步石，让其自然地衔接在一起，给人一种亲切、自然的感觉。

CMYK: 68,50,95,7
CMYK: 25,25,15,0

推荐色彩搭配

C: 85	C: 35
M: 63	M: 35
Y: 100	Y: 27
K: 48	K: 0

C: 55	C: 80
M: 38	M: 57
Y: 87	Y: 100
K: 0	K: 28

C: 65	C: 77
M: 70	M: 52
Y: 62	Y: 94
K: 15	K: 15

这是一段水中的汀步，它似桥非桥，人行走在上面与水形成了互动，获得行走和视觉双重体验，曲线的造型让整个景观空间变得更加生动。

色彩点评

■ 在这个环境内绿化面积较高，临近水边，给人一种清新、自然、清凉的感觉。

■ 黄褐色的踏步石搭配褐色的屋顶，具有浓烈的热带风情。

CMYK: 78,38,100,1　　CMYK: 26,35,55,0
CMYK: 15,20,9,0　　CMYK: 78,75,68,40

推荐色彩搭配

C: 37	C: 73
M: 50	M: 70
Y: 60	Y: 63
K: 0	K: 25

C: 55	C: 77
M: 57	M: 32
Y: 63	Y: 100
K: 3	K: 0

C: 22	C: 85
M: 28	M: 50
Y: 20	Y: 100
K: 0	K: 15

    如果在空间中设置过多的装饰元素，或者将所有的装饰元素都作为重点来突出，那么将会使整个空间显得过于拥挤，同时也会使受众产生视觉疲劳，因此若隐若现的设计手法更加有助于装饰元素重点的突出，通过神秘的"不可见"元素为空间营造出不尽之感。

这是一款农场道路区域的景观设计。

■ 将曲线线条元素融入建筑的外轮廓，用来引导受众的视线，远处若隐若现的树林景观使空间看上去更加自然。

■ 通过光与影的结合将树木与叶子的间隙投射在地面之上，使空间的气氛更加活跃生动。

这是一款住宅区域过道区域的景观设计。

■ 沿着长长的道路在左右两侧种植了茂密的树木，通过蜿蜒的道路使远处的景观若隐若现。

■ 凹凸起伏的道路使整个空间看上去更加活跃。

这是一款生态旅游景点庭院处的景观设计。

■ 在空间中种植种类丰富、色彩缤纷的植物，通过疏密有致的布局方式使受众能够透过近处的树木隐约地看到远处的景色，若隐若现的表现手法使空间更具清新自然之感。

■ 本土野生花卉与草本植物不仅加深了游客对区域景观风貌的认识，也可以让他们领略到自然原始的美。

　　植物是景观设计中最为常见的设计装饰元素，由于其自然生长的习性和生长样式各不相同，因此在设计的过程当中，让植物在一定范围内不加修饰地自由生长，可使空间具有向外的延伸感，将内外空间紧密相连。

这是一款豪华别墅室外区域的景观设计。

- 室外空间以郁郁葱葱的绿色植物为主要装饰元素，结构饱满、层次丰富，高大的树木沿着右侧的墙壁向外无限延伸，将室内外的空间紧密相连。

- 低矮的植物在空间中构成相互平行或垂直的行进路线，使空间整体看上去更加规整。

这是一款住宅区室外庭院处的景观设计。

- 高大的树木从根部延伸至建筑的上方，使空间整体看上去既丰富又活跃。

- 主建筑和车库位于景观下方，周边点缀着美国红枫，白桦，冷杉，以及蕨类和蓝莓等植物，打造出自然、温馨的景观效果。

这是一款展馆画廊室外区域的景观设计。

- 低矮的建筑被宽敞的草坪所围绕，周围种植的高大的树木将其隐藏在树林之中，使空间的整体效果更加宽阔。

- 空间中的建筑以线条和图形为主要设计元素，纵向的线条为空间带来强烈的纵深感，并配以矩形对其进行中和，使空间看上去更加和谐统一。

空间相对对称是一种较为常见的设计手法，可为空间营造出庄严感、正式感，安静感、平衡感，创造出完美的气质，使空间的整体氛围更加和谐统一。

这是一款室外花园处的景观设计。

■ 空间采用对称式的设计手法，以水渠的中心处为整个空间的中心线，左右两侧的装饰元素相对对称，空间的整体氛围平和、安稳。

■ 空间通过水渠将一系列水池和喷泉连接起来，并贯穿于整个空间，营造出清新、自然的空间氛围。

这是一款墓园通往海景处的景观设计。

■ 空间整体效果相对对称，营造出庄严、正式之感。

■ 近处的简易围栏和远处巨大的骨骼形成层次丰富的空间。巨大的骨骼框出壮观的海景，并将海景与岸边的景色紧密相连。

这是一款大学校园内草坪处的景观设计。

■ 空间将草坪均等地分为三个部分，以中间带有扶手的区域为中心，左右两侧相对对称，使空间整体效果看上去和谐而又平整。

■ 空间中的植物种类多样，层次丰富，营造出了良好的生态环境。

7.18 人性化的设计手法——在空间中设置休息区域

人类是景观设计重要的受众群体，因此在设计的过程当中要秉持着以人为本的设计理念，为了使人们在欣赏景观时能够有更加舒适的体验，在空间中应设置休息区域，通过人性化的设计方式增强空间的体验感。

这是一款居住区庭院休息区域的景观设计。

- 在室外修建体系完善的休息区域，通透的空间使休息区域与室外景观紧密相连，使二者合而为一。
- 带有柳条顶棚的金属廊架不仅为下方提供了荫护，同时和定制的混凝土火炉明确了室外用餐区和起居室。

这是一款居住区室外休息区域的景观设计。

- 将休息座椅设置在空旷的场地之中，两个座椅采用相对的陈列方式，更加方便人与人之间的沟通。
- 蜿蜒的草灌分界线巧妙地与周围的植被融为一体，营造出层次丰富的室外美景。

这是一款葡萄园里的住宅休息区域的景观设计。

- 在室外休息区域设置休闲舒适的座椅和样式简洁的遮阳伞，打造出温馨惬意、纯朴自然的室外休息区域。
- 采用石灰石材质铺设道路，与周围的元素融合在一起，营造出清凉且温馨的环境氛围。

　　景观设计的重点在于景观的突出和展示，因此在设计的过程当中，小巧而精致的展示区域能够在宽敞的空间中将受众的注意力集中在一起，以达到重点突出的目的。

这是一款住宅庭院水池处的景观设计。

■ 在宽敞的空间设置边缘界线清晰的水池景观，并在景观中少量地设置样式奇特的石头进行装饰，精致的景观效果在宽敞的空间更能吸引受众的注意力。

■ 空间采用相对对称的设计手法，使空间整体看上去更加规整有序。

这是一款独栋住宅室外的景观设计。

■ 在建筑的下方设置三条界线分明的绿化地带，精致集中而又相对分散的三组花坛使空间整体看上去更加整齐划一，同时将三组绿化区域并排陈列，更容易集中受众的注意力。

■ 建筑外观采用镜面材质，在营造通透的空间氛围的同时，也能将对面的景观进行反射，使空间看上去更加丰富饱满。

这是一款办公住宅室外庭院处的景观设计。

■ 采用流畅的线条将空间划分成为多个多边形区域，并选取其中的两个多边形种植低矮的绿色植物，使该两个模块在平稳的地面上显得格外显眼。

■ 凸起的多边形花坛在形状上与地面相互呼应，使空间的整体氛围和谐而又统一。

7.20　对比色的配色方案——创造出强而醒目的美感

对比色是指在24色相环上相距120°到180°之间的两种颜色，由于对比效果较为强烈，因此会在空间中产生强烈的视觉冲击力，使景观更容易受到人们的关注，创造出强而醒目的美感。

这是一款幼儿园户外活动区域的景观设计。

■ 作品采用红色和蓝色这对对比色对宽敞的空间进行装饰，为温馨平稳的空间营造出强力的视觉冲击力。

■ 在每一个圆形的蓝色区域都种植一颗清新的小树，在装点空间的同时也使空间的氛围更加活跃。

这是一款银行办公建筑室外的景观设计。

■ 空间色彩缤纷跳跃，红色与绿色、蓝色与红色、黄色与蓝色等均是对比色，通过色彩之间相互的搭配为空间营造出强烈的视觉冲击力。

■ 在深浅不一的立方体之中种植绿色植物，与户外相对高大的植物相互呼应，使空间的整体氛围和谐统一，同时也为空间营造出清新、欢快之感。

这是一款办公建筑室外庭院处的景观设计。

■ 空间采用低饱和度的红色（墙）、绿色（门）和蓝色（花盆）对空间进行装饰，对比强度相对较弱，却在无形之中使空间更加和谐统一。

■ 在空间的上方采用均等间隔的实木木条，通过阳光的照射，光与影的结合，也可以点缀空间。

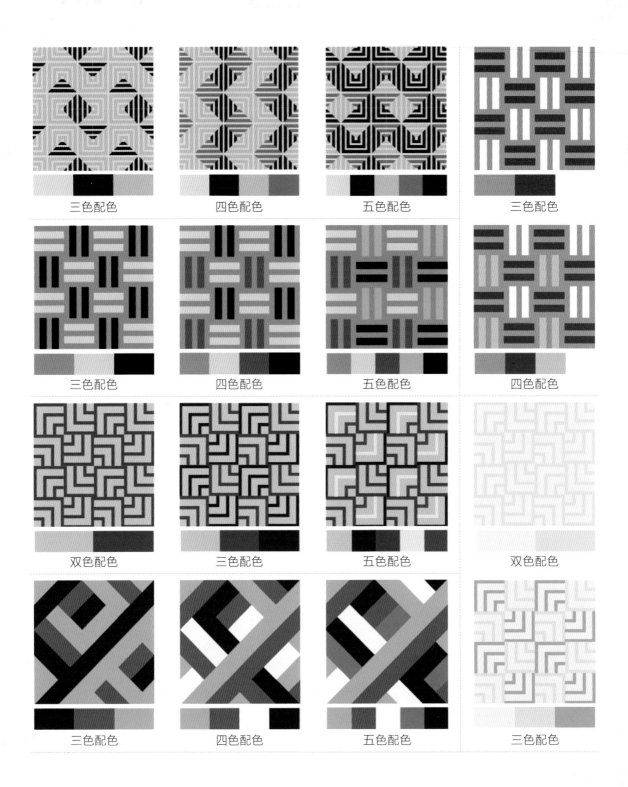

三色配色　　　　四色配色　　　　五色配色　　　　三色配色

三色配色　　　　四色配色　　　　五色配色　　　　四色配色

双色配色　　　　三色配色　　　　五色配色　　　　双色配色

三色配色　　　　四色配色　　　　五色配色　　　　三色配色